Kennfarbe Gelb
Seite 102 – 123
Raubtiere
(Marder, Großbären, Kleinbären, Hunde, Katzen, Schleichkatzen)

Rotfuchs

Hermelin

Kennfarbe Braun
Seite 124 – 143
Huftiere
(Paarhufer: Schweine, Hirsche, Hornträger; Unpaarhufer: Pferde)

Mufflon

Elch

Die gewandte und springlebendige Rötelmaus ist wenig scheu und läßt sich leicht beobachten.

GU Naturführer

Tiere in Natur und Garten

Helga Hofmann

Große und kleine Säugetiere Europas bestimmen, kennenlernen, schützen

210 Naturfarbfotos bekannter Tierfotografen
10 Zeichnungen von György Jankovics

GU GRÄFE UND UNZER

Inhalt

Bei einbrechender Dämmerung verläßt der Iltis seinen Unterschlupf, in dem er den Tag verschlafen hat.

Säugetiere kennenlernen

10 Was ist eigentlich ein Säugetier?
10 Säugetiermerkmale
12 Abstammung der Säugetiere
12 Haare – vielfältig und typisch
14 Gliedmaßen – Spiegelbild der Lebensweise
16 Sehen – Hören – Riechen
18 Unterschiedliche Ernährungsweisen
20 Die Entwicklung der Jungen

◀ Foto Umschlag Vorderseite: Haselmaus

◀ Foto Seite 2/3: Eisfuchs beim Mittagsschlaf

Säugetiere erleben

24 Hauptsache Überleben!
24 Fressen und Gefressenwerden
26 Schutz vor Feinden – Tarnung
26 Überleben in Schnee und Eis
30 Tiere als Baumeister
30 Nester wie Vögel
30 Wohnraum unter der Erde
32 Der Biber – Zimmermann und Landschaftsarchitekt
34 Verständigung ist alles
34 Reviere
37 Konflikte und Kämpfe
38 Die Sorge um den Nachwuchs
38 Die Geburt einer Fledermaus – ein riskantes Manöver
38 Nachwuchs bei Reineke Fuchs
40 Das »verlassene« Bambi ist nicht verwaist!
40 Familienplanung und Geburtenkontrolle

Ein Wort zuvor

Säugetiere bestimmen

46 Ratschläge und Tips fürs Bestimmen
47 Erklärung der Silhouetten
49 Insektenfresser
50 Igel
52 Spitzmäuse
57 Maulwürfe
59 Fledermäuse
60 Hufeisennasen
62 Glattnasen
73 Hasentiere
73 Hasen und Kaninchen
79 Nagetiere
80 Hörnchen
86 Biber
87 Biberratten
88 Bilche
91 Wühler
96 Echte Mäuse
101 Hüpfmäuse
103 Raubtiere
104 Marder
112 Großbären
114 Kleinbären
115 Hunde
120 Katzen
123 Schleichkatzen
125 Huftiere
126 Paarhufer
126 Schweine
128 Hirsche
136 Hornträger
143 Unpaarhufer
143 Pferde

Säugetiere schützen

146 »Rettet die Wildtiere!«
146 Der Mensch greift ein
148 Der tierfreundliche Garten
150 Was jeder einzelne tun kann
150 Tierschutz im Garten
150 Tierschutz ist Artenschutz

152 Arten- und Sachregister
157 Die Fotografen, Impressum

Viele Tiere, die in diesem Buch vorgestellt werden, sind uns von klein auf vertraut – aus Märchen, Kinderbüchern und Liedern. Fuchs, Hase und Igel zählen dazu, aber auch Wolf und Bär. Nicht wenige sind »Kulturfolger« geworden, das bedeutet, sie wohnen ganz nah bei uns: in Parks, Gärten, alten Gemäuern. Zwar sieht man sie nicht häufig, weil sie meist nachtaktiv und außerdem sehr scheu sind. Wer aber ihre Lebensweisen und ihr Verhalten kennt, kann sie beobachten. Dabei soll dieser GU Naturführer helfen, nach dem Motto »Mehr wissen, mehr sehen, mehr erleben«.
Der neue GU Naturführer »Tiere in Natur und Garten« stellt die großen und kleinen Säugetiere Europas vor. Erstklassige Farbfotos zeigen die Tiere in ihrem natürlichen Lebensraum, leicht verständliche Steckbrieftexte beschreiben wichtige Erkennungsmerkmale. Mit dem bewährten GU-Kennfarben-Code wird das Bestimmen auch Ungeübten leicht gemacht.
Dieser Naturführer ist aber mehr als nur ein Bestimmungsbuch. In den Kapiteln »Säugetiere kennenlernen« und »Säugetiere erleben« werden Körperbau und Lebensweise erklärt, und es wird berichtet über Anpassungen an Umgebung und Klima, den Kampf der Tiere um die tägliche Nahrung, über Geburt und Aufzucht der Jungen und ihre vielfältigen Beziehungen zum Menschen.
Im Ratgeberteil »Säugetiere schützen« erfahren Sie, was Sie selbst beitragen können, um den Tieren in freier Natur ihren Lebensraum zu erhalten. Hier finden Sie auch praktische Tips für die Gestaltung eines tierfreundlichen Gartens, in dem auch Säugetiere Unterschlupf, Nahrung und Überwinterungsmöglichkeiten finden.
Viel Freude beim Beobachten von großen und kleinen Säugetieren in Natur und Garten wünschen die Autorin und die GU Naturbuch-Redaktion.

Der Baummarder döst entspannt und sammelt Kräfte für die abendliche Jagd auf Beutetiere.

Säugetiere kennenlernen

Tiere wie Hase, Fuchs und Igel kennt jedes Kind. »Vorrat hamstern«, »Schlafen wie ein Murmeltier« oder »Stinken wie ein Iltis« sind gebräuchliche Redewendungen. Es sind lauter Säugetiere, von denen da die Rede ist. Aber was genau ist eigentlich ein Säugetier? Und warum sehen die verschiedenen Säugetiere so unterschiedlich aus? Wie orientieren sie sich in ihrem Lebensraum und wovon ernähren sie sich? Und ihre Jungen – warum brauchen die einen ein weiches, warmes Nest und die anderen rennen schon vom ersten Tag an ihrer Mutter nach?
Diese und andere Fragen zum Körperbau und zur Biologie der Säugetiere werden auf den nachfolgenden Seiten beantwortet.

Was ist eigentlich ein Säugetier?

Von allen Wirbeltieren sind die Säugetiere am höchsten entwickelt. Sie sind uns in der Regel so vertraut, daß sie im täglichen Sprachgebrauch nicht selten einfach als »die Tiere« bezeichnet werden.
Unter all den gegenwärtig auf der Erde lebenden Tierarten machen die Säugetiere nur eine recht kleine Gruppe aus. Während es von den Insekten rund eine 3/4 Million verschiedene Arten gibt und die Fische immerhin noch in 20000 Arten die Meere und Flüsse bevölkern, zählt man weltweit nur knapp 4500 Säugetierarten. Und davon kommen nur rund 200 in Europa vor. In Größe und Körperbau sind die Säugetiere vielgestaltiger als alle anderen Tierklassen. Das Spektrum reicht von der winzigen, nur zwei Gramm schweren Etrusker-Spitzmaus bis zum gigantischen, 130 Tonnen schweren Blauwal, dem größten lebenden Tier überhaupt. Wir finden sie in allen Ländern der Erde, in heißen wie in kalten Regionen, sogar in den Meeren. Eine Reihe von Körpermerkmalen ist jedoch allen Säugetieren gemeinsam:

Gleichwarme Körpertemperatur
Säugetiere sind warmblütige Tiere, ihre Körpertemperatur ist von der Umgebungstemperatur weitgehend unabhängig und schwankt in der Regel nur in engen Grenzen. Allerdings erfordert das Aufrechterhalten der gleichmäßigen Körperwärme einen ständigen hohen Energieumsatz und eine möglichst gute Isolierschicht nach außen. Bei hoher Umgebungstemperatur wird durch die Verdunstung von Schweiß Wärme abgeführt und so eine Überhitzung des Körpers vermieden. Schweißdrüsen haben nur die Säugetiere.

Haare
Alle Säugetiere haben Haare in irgendeiner Form und zumindest während eines Lebensabschnittes. Dies unterscheidet sie von allen anderen Wirbeltieren. Sogar die glatthäutigen Wale tragen als Neugeborene am Kopf einige spärliche Haare, die sie später allerdings verlieren.

Milchdrüsen
Die Weibchen der Säugetiere besitzen an ihrer Bauchseite spezielle Hautdrüsen. Nach der Geburt der Jungen sondern diese Drüsen Milch ab, die den Jungen als erste Nahrung dient. Auch diese Eigenschaft ist im Tierreich einmalig. Daher ist es durchaus gerechtfertigt, daß das Säugen der Jungen mit Milch der ganzen Tierklasse ihren Namen gab.

Weitere charakteristische Merkmale
Auch eine Reihe von Eigenheiten im Körperbau ist für die Säugetiere charakteristisch. Zum Beispiel wird ihr Blut von einem vierkammerigen Herz durch die Gefäße gepumpt. Dabei zirkuliert es in zwei voneinander getrennten Kreisläufen, dem sogenannten Lungen- und dem Körperkreislauf. Das ist für den Stoffumsatz besonders vorteilhaft und eine wesentliche Voraussetzung für die Warmblütigkeit. Der Schädel mit dem vergleichsweise großen Gehirn wird von sieben Halswirbeln getragen, unabhängig davon, wie lang der Hals ist. Im Mittelohr sorgen drei Gehörknöchelchen, nach ihrer Form

Zum Bild: Wie alle Säugetierjungen ernährt sich das kleine Wildschwein zu Beginn seines Lebens ausschließlich von Milch. Der Saugreflex ist ihm angeboren. ▶

Amboß, Hammer und Steigbügel genannt, für eine präzise Schallwahrnehmung. Der Unterkiefer wird von einem einzigen Knochen gebildet, nicht von sechs oder sieben wie bei den Kriechtieren. Und während bei den niederen Wirbeltieren abgenützte Zähne das ganze Leben lang immer wieder ersetzt werden, wechseln Säugetiere ihre Zähne nur einmal. Die zweite Zahngeneration, die den Milchzähnen folgt, muß bis zum Lebensende halten.

Abstammung der Säugetiere
Die Vorfahren der Säugetiere waren fleisch- und insektenfressende Reptilien, die vor über 200 Millionen Jahren die Erde bevölkerten. Durch zahlreiche Fossilienfunde weiß man, daß die ersten Säugetiere nur maus- bis rattengroße, insektenfressende Tiere waren, die vermutlich überwiegend auf Bäumen lebten und nachtaktiv waren. Mehr als 100 Millionen Jahre blieben sie eine unscheinbare, im Mosaikbild der Lebewesen nebensächliche Tiergruppe. Dann aber, in der Kreidezeit, begannen sie sich zu einer bunten Vielfalt verschiedener Formen zu entwickeln. Im Laufe des Tertiärs bildeten sich rund 40 Ordnungen heraus, von denen allerdings im Laufe der weiteren Erdgeschichte über die Hälfte wieder restlos verschwand. Nur 18 Säugetierordnungen haben bis in die Gegenwart überlebt.

Haare – vielfältig und typisch
Die allermeisten Säugetiere tragen ein mehr oder weniger dichtes Haarkleid, das ihren ganzen Körper bedeckt. Es ist eines der typischen Merkmale dieser Tierklasse. Zwar sind zum Beispiel auch viele Schmetterlingsraupen und manche Spinnen »pelzig« und einige Pflanzen tragen »behaarte« Blätter, aber deren »Haare« sind völlig anders aufgebaut als die Haare der Säugetiere.

<u>Was Haare und Hörner gemeinsam haben</u>
Haare sind verhornte Gebilde, die aus der Oberhaut (Epidermis) entstehen. Das haben sie mit Krallen, Hufen und Hörnern gemeinsam. Alle diese Horngebilde bestehen hauptsächlich aus Keratin. Das ist eine harte, faserartige Eiweißsubstanz, die mechanischen und chemischen Einflüssen gegenüber sehr widerstandsfähig ist. Ihre Färbung verdanken die Haare verschiedenen Farbstoffen, die in die äußere Schicht der Haare, die sogenannte Haarrinde, eingelagert sind. Es kommen braune bis schwarze, gelbe und rötliche Farbstoffe vor, die je nach ihrer Menge und dem Mischungsverhältnis die unterschiedlichen Farbnuancen und Zeichnungen der Tierfelle bestimmen. Beim Abbau dieser Farbstoffe bilden sich mikroskopisch kleine Lufttaschen in den Haaren. Die eingeschlossene Luft läßt die Haare dann grau oder weiß wirken.

<u>Ein Haar gleicht nicht dem anderen</u>
Die Haare lassen sich ganz grob in drei Typen einteilen: die kurzen, feinen, oft gekräuselten Dunen- oder Wollhaare, die kräftigeren Stichelhaare und die längeren, geraden und mehr oder minder steifen Grannenhaare.
Woll- und Stichelhaare bilden das dichte Unterfell, das für die isolierende Wirkung des Haarkleids ausschlaggebend ist. Die Grannenhaare überdecken gewöhnlich die Unterwolle. Sie bestimmen die Färbung des Tieres.
Außer diesen »gewöhnlichen« gibt es noch spezialisierte und auch abgewandelte Haare. Zum Beispiel die geraden, steifen und doch biegsamen Tasthaare, die vor allem bei den Nagetieren und Raubtieren besonders auffallen, bei denen sie am Kopf und hier vor allem an der Oberlippe besonders lang ausgebildet sind. Nach der uns vertrauten Katze und ihrer Ge-

Mit Haut und Haar

Der Fischotter schüttelt sich Wasser aus dem Pelz.

wohnheit zu schnurren werden die vom Gesicht abstehenden Tasthaare oft auch als »Schnurrhaare« bezeichnet. In der Haut, am Grund eines jeden Tasthaares, befinden sich zahlreiche Nervenendigungen, die jede Schwingung und jedes Umbiegen des Haares sofort registrieren.
Borsten sind nichts anderes als besonders dicke und steife Haare. Sogar die Stacheln des Igels und des Stachelschweins sind harte, spitze »Haare«.

Härchen, wechsle dich
Die meisten Haare hören auf zu wachsen, wenn sie ihre typische Länge erreicht haben, und fallen nach einiger Zeit aus. Von der Oberhaut wird dann an derselben Stelle ein neues Haar gebildet. Nur wenige spezielle Haartypen, zum Beispiel die Mähnen- und Schwanzhaare der Pferde, wachsen fortwährend weiter (allerdings sehr langsam).
Ein Haarwechsel kann kontinuierlich und damit ganz und gar unauffällig erfolgen oder aber zweimal im Jahr, beim Wechsel zwischen kurzem Sommer- und langhaarigem Winterfell.

Zum Bild: Bei Tieren, die häufig und lange im Wasser schwimmen wie Fischotter, Biber oder Nutria, wird das Fell durch die Talgdrüsen der Haut besonders kräftig eingefettet. Beim Landgang läßt sich das Wasser leicht wieder herausschütteln.

Hilfseinrichtungen der Haare
Zwischen den Haarwurzeln sitzen kleine Talgdrüsen in der Haut, die für ein gleichmäßiges Einfetten des Haarkleides sorgen und damit weitgehend verhindern, daß das Tier bis auf die Haut durchnäßt wird. Verständlicherweise ist dies besonders bei Tieren wichtig, die häufig und lange im Wasser schwimmen. Für Landtiere bietet das Haarfett einen passablen Regenschutz. An jedem Haarende setzt in der Haut ein winziger Muskel an, der das Haar steil aufrichten kann. Auf diese Weise macht zum Beispiel ein frierendes Tier sein Fellkleid dicker oder sträubt ein knurrender Hund sein Fell.

Gliedmaßen – Spiegelbild der Lebensweise
Säugetiere haben sich an die unterschiedlichsten Lebensräume und Umweltbedingungen angepaßt. Das spiegelt sich auch im Bau und in der Funktion ihrer Gliedmaßen wider. Je nachdem, wie schnell ein Tier laufen können muß und wofür es seine Beine außerdem noch gebraucht, sehen Säugetierbeine und -füße sehr verschieden aus.

Sohlengänger und Zehengänger
Die Grundform ist ein Fuß mit fünf Zehen und einem kompakten Mittelfuß, die Auftrittsfläche reicht von den Zehenspitzen bis zur Ferse – wie bei unserem menschlichen Fuß. Zum schnelleren Laufen werden einzelne Teile des Fußskeletts verlängert und häufig die Zahl der Zehen reduziert.

In der Dämmerung verläßt das Große Mausohr sein Tages-

Zu den Bildern: Bei der Besiedlung verschiedener Lebensräume beschränkten sich die Säugetiere in ihrer Entwicklungsgeschichte nicht nur auf die Landflächen. Sie eroberten auch das nasse Element, gruben sich in den Boden ein und erhoben sich sogar in die Lüfte. Dabei haben ihre Gliedmaßen die erstaunlichsten Umgestaltungen erfahren: Beim Maulwurf (Bild links) zum Beispiel wurden die Vorderbeine zu breiten, kräftigen Grabschaufeln, bei den Fledermäusen (Bild oben: Großes Mausohr) gar zu Flügeln.

Mit Hand und Fuß

auf Nahrungssuche zu gehen.

Säugetiere, die mit der ganzen Fußsohle auftreten, werden Sohlengänger genannt. Sie haben in der Regel kurze Gliedmaßen und bewegen sich relativ langsam voran. Zu den Sohlengängern gehören die urtümlichen Insektenfresser wie Spitzmäuse und Igel, eher plump und gemächlich trottende Raubtiere wie Bär und Dachs, aber auch die Primaten, also die Affen und wir selbst. Auch die Nagetiere treten auf den ganzen Fußsohlen auf, haben aber häufig an den Vorder- oder Hinterbeinen nur vier Zehen.

Zehengänger – wie die hunde- und katzenartigen Raubtiere – treten beim Laufen nur mit den Zehenballen auf. Ihre Ferse ist vor allem an den Hinterbeinen als deutlicher Knick erkennbar, etwa auf halber Höhe des Beins. Sie wird oft fälschlich für das Knie des Tiers gehalten.

So ausdauernde und schnelle Läufer wie die Huftiere berühren den Boden nur noch mit dem vordersten Zehenglied. Man nennt sie Zehenspitzengänger. Ihre Zehenspitzen sind mit mehr oder weniger dicken, harten Klauen oder Hufen aus Horn verstärkt. Das erlaubt ihnen, bei Gefahr auch auf hartem Boden ohne Vorsicht vor Steinen oder Unebenheiten zu galoppieren. Zugleich ist bei den Huftieren die Anzahl der Zehen stark reduziert. Bei den Paarhufern, zu denen Reh und Hirsch, Steinbock und Wisent

Flehmender Muffelwidder

ebenso gehören wie das Wildschwein, ruht das Gewicht des Körpers auf den harten Klauen der 3. und 4. Zehe eines jeden Fußes. Die kleineren 2. und 5. Zehen berühren entweder den Boden mit ihren Klauen (bei den Schweinen) oder hängen als kleine Horngebilde, Afterklauen genannt, an der Beinhinterseite (bei den Rindern, Ziegen und Hirschen).
Bei einigen Unpaarhufern geht die Umbildung der Gliedmaßen noch weiter. Am Pferdefuß sind außer der 3., also der mittleren Zehe alle anderen Zehen praktisch vollständig verschwunden. Das Endglied der 3. Zehe ist mächtig entwickelt und trägt eine besonders dicke und harte Hornumkleidung, den Huf.
Solch ein »Spezialfuß« ist die beste Anpassung an eine Lebensweise, die mit schnellem Rennen auf hartem Steppenboden verbunden ist.

Zum Bild: Die typische Grimasse mit hochgezogener Oberlippe verrät, daß dieser Muffelwidder gerade prüft, ob der Duft eines paarungsbereiten Weibchens in der Luft liegt. Man sagt, er »flehmt«.

Sehen – Hören – Riechen

Die Umwelt mit wachen Sinnen wahrnehmen zu können, ist für Tier und Mensch überlebenswichtig. Tiere müssen Feinde rechtzeitig erkennen, Nahrung finden und den richtigen Geschlechtspartner auswählen, damit ihr Fortbestehen und das ihrer Art gesichert ist. Dabei hängt es weitgehend von Lebensweise und Umgebung ab, welches Sinnesorgan am besten ausgebildet ist und wie fein und präzise die Sinneswahrnehmung funktioniert.

Die Stellung der Augen

Lage und Stellung der Augen sind bei den verschiedenen Tieren so, wie es

ihre spezielle Lebensweise erfordert. Bei »Schwimmern« wie Biber, Nutria oder Fischotter liegen die Augen weit oben am Kopf, so daß das Tier im Wasser ruhend die Umgebung beobachten kann, ohne den Kopf weit aus dem Wasser heben zu müssen. So bleibt es weitgehend vor Feinden unentdeckt.
Raubtiere können sehr gut räumlich sehen und so ihre Beute gezielt anspringen. Ihre Augen sind beide parallel nach vorne gerichtet. Räumliches Sehen ist nämlich nur in dem Bereich des Gesichtsfeldes möglich, in dem sich die Sehfelder beider Augen überschneiden.
Pflanzenfresser dagegen brauchen ihre Nahrung nicht besonders scharf zu sehen, Gras läuft ja schließlich nicht weg. Für sie ist es vielmehr lebenswichtig, die Umgebung stets im Blick zu behalten, um nicht beim Grasen von einem Feind überrascht zu werden. Bei Huftieren, Nage- und Hasentieren liegen die Augen daher sehr weit seitlich am Kopf und treten häufig kugelig hervor. Wenn die Augen darüber hinaus noch möglichst hoch oben am Kopf liegen, ergibt sich für das Tier ein extrem weites Gesichtsfeld, das auch noch große Teile des Himmels (Greifvögel!) mit einschließt. Beim Hasen zum Beispiel führt dies zu einer Rundumsicht, ohne daß er den Kopf bewegen muß.

Riechen, nicht nur mit der Nase
Wir Menschen mit unserer nur kümmerlichen Fähigkeit zur Geruchswahrnehmung können uns schwer vorstellen, wie sich Tiere mit Hilfe ihrer Nase orientieren können. Tatsächlich ist für viele Tiere die Nase das wichtigste Sinnesorgan. Sie suchen mit ihrer Hilfe nach Nahrung, wittern Feinde schon auf große Entfernung und erkennen ihre Jungen und andere Artgenossen am Geruch.
»Nasentiere« verfügen in der Regel über eine vergleichsweise lange Nase, das heißt eine weit nach vorn gezogene Schnauze (zum Beispiel Igel, Spitzmäuse, Fuchs und Wolf).
Zusätzlich zur Nase haben die Säugetiere, außer den Meeressäugern und Primaten, noch ein zweites Organ, mit dem sie Gerüche wahrnehmen können: das sogenannte Jacobsonsche Organ. Das Jacobsonsche Organ liegt zwischen der Rachen- und der Nasenhöhle und besteht aus einem Paar sackartig geschlossener Schläuche, die wie die Nasenhöhle mit einer Riechschleimhaut ausgekleidet sind. Über eine kleine Öffnung im Gaumendach, gleich hinter den Schneidezähnen, stehen diese Riechschläuche mit der Mundhöhle in Verbindung. Will ein Tier den Geruch eines bestimmten Gegenstandes besonders genau prüfen

Zum Bild: Wie alle Mäuse muß auch die Waldmaus ständig auf der Hut sein vor Feinden. Ihre kugelig vorstehenden Knopfaugen ergeben ein extrem weites Gesichtsfeld. Das ermöglicht es der Maus, in Ruhe zu fressen und gleichzeitig die ganze Umgebung ringsum im Blick zu behalten. Während sie am Boden nach Nahrung sucht, kontrollieren ohne Kopfbewegung ihre Augen zugleich den Himmel auf Greifvögel.

(zum Beispiel um festzustellen, ob er genießbar ist oder nicht), kaut es darauf herum. Dann befördert es den Speichel, der den Duft des untersuchten Objekts angenommen hat, mit der Zunge in die Öffnung des Jacobsonschen Organs. Hier wird nun mit besonderen Sinneszellen der Geruch intensiv wahrgenommen.

Die Ohren, bewegliche Schalltrichter

Häufig, aber durchaus nicht immer, läßt sich an der Größe und Beweglichkeit der Ohrmuscheln ermessen, welche Bedeutung das Gehör für eine bestimmte Tierart hat. Hase oder Reh mit ihren großen Lauschern hören zweifellos besser als der kleinohrige Biber oder der Maulwurf, dem Ohrmuscheln gänzlich fehlen.
Die durch Knorpeln versteiften Ohrmuscheln wirken gleichsam als Schalltrichter, und die meisten großohrigen Tiere können sie durch eine Drehbewegung zusätzlich der Geräuschquelle entgegenrichten – eine Fähigkeit, die die Tiere uns Menschen voraushaben. Außerdem nehmen Tiere im Vergleich mit uns Menschen nicht nur leisere Geräusche wahr, sondern meist auch höhere Töne. Den Rekord halten die Fledermäuse: Ihre Rufe, mit deren Hilfe sie sich nach dem Prinzip der Echoortung im Flug orientieren, liegen weit im Ultraschallbereich.

Unterschiedliche Ernährungsweisen

Bei den Säugetieren finden wir die unterschiedlichsten Ernährungsweisen: Tiere, die nur Pflanzen oder solche, die nur Fleisch fressen, Insektenfresser und Allesfresser. Je nach Nahrung unterscheiden sich Gebiß, Verdauungsorgane und Lebensweise der Tiere.

An ihren Zähnen sollt ihr sie erkennen

Zahl und Form der Zähne sind für jede Säugetierart charakteristisch und ein wichtiges Merkmal zur Artbestimmung. Das Gebiß eines Insektenfressers besteht aus Reihen mehr oder weniger gleichförmiger, nadelspitzer Zähnchen, mit denen die glatten, harten Panzer der Insekten gut festgehalten und geknackt werden können.
Nagetiere (ebenso wie Hasentiere) haben übergroße, meißelförmige Schneidezähne (Nagezähne), mit denen sie harte Pflanzenteile abraspeln und zerspleißen. Anstelle der Eckzähne klaffen breite Zahnlücken im Ober- und Unterkiefer. Mit den breitkronigen Backenzähnen läßt sich die Pflanzennahrung sehr gut zermahlen.
Ein Raubtiergebiß zeigt lange, dolchartige Eckzähne (Fangzähne). Die Backenzähne, mit denen das Fleisch »zerschnitten« wird, sind spitz und scharfkantig.
Im Gebiß eines Wiederkäuers (Hirsche, Hornträger) fehlen im Oberkiefer die Schneide- und meist auch die Eckzähne. Die Unterkieferzähne drükken die Futterpflanzen beim Abrupfen gegen eine harte, geriffelte Gaumenplatte. Nach einer großen Lücke folgen breitkronige Backenzähne.
Ausgesprochene Allesfresser (Dachs, Bär) vereinigen in ihrem Gebiß die charakteristischen Merkmale von Pflanzen- und Fleischfressern: große Fang- und breite Mahlzähne.

Fleisch- und Pflanzenfresser

Ist die Nahrung erst einmal verschluckt, nimmt sie ihren vorbestimmten Weg durch die Verdauungsorgane. Die erste Station der mehr oder weniger fein zerkleinerten Nahrung ist das Mageninnere, wo ihr Verdauungssäfte zugesetzt werden. Beim anschließenden Transport durch Dünn- und Dickdarm wird der Nahrungsbrei nach und nach verdaut, das heißt, die für den Tierkörper wichtigen Nährstoffe werden ihm entzogen. Was für das Tier nicht verwertbar ist, erscheint als Kot wieder in der Außenwelt.

Zahn um Zahn

Drohend fauchende Wildkatze, deutlich sichtbar die Fangzähne.

Dabei haben es die Pflanzenfresser mit der Verdauung ihrer Nahrung ungleich schwerer als die fleischfressenden Säugetiere. Die hauptsächlich aus Eiweißstoffen bestehende tierische Nahrung ist nährstoffreich und leicht verdaulich. Der Magen von Raubtieren ist daher relativ klein, scheidet aber besonders scharfe Verdauungssäfte aus, die sogar verschluckte Knochen auflösen können. Raubtiere kauen ihre Nahrung nicht durch, sondern zerschneiden sie mit ihren scharfen Backenzähnen nur in Stücke. Der Darm von Fleisch-, aber auch von Insektenfressern ist nur kurz und beansprucht wenig Platz im Körper.

Zum Bild: Lange, spitze Eckzähne (Fangzähne) sind charakteristisch für das Gebiß eines Raubtiers. Damit wird die Beute gepackt und festgehalten. Zum Zerbeißen werden die scharfkantigen Backenzähne (Reißzähne) eingesetzt.

Pflanzliche Kost enthält im allgemeinen verhältnismäßig wenig Nährstoffe, die im Blattgewebe außerdem von festen, für den Säugetierkörper unverdaulichen Zellwänden umschlossen sind. Um satt zu werden, müssen Pflanzenfresser daher große Mengen fressen. Sie zerquetschen und zermahlen ihre Nahrung gründlich zwischen den Zähnen, um die schwierige Verdauung etwas zu erleichtern. Bei den Wiederkäuern wie den Hirschen, Rindern, Schaf- und Ziegenverwandten ist der Magen sehr groß und besteht aus vier Abschnitten. Zwei davon dienen als Vorratsspeicher und Gärkammern. Hier leben Bakterien als Untermieter, die die Zellulose aus den Zellwänden der Pflanzennahrung zerlegen und für den Wiederkäuer verwertbar machen. Die so aufbereitete Nahrung wird hochgerülpst, nochmals gründlich »wiedergekäut« und nimmt dann erst den normalen Verdauungsweg über die beiden anderen Magenabschnitte und den langen Darm.

Die Entwicklung der Jungen

Säugetiere bringen ihre Jungen lebend zur Welt (die eierlegenden australischen Kloakentiere einmal ausgenommen). Das bedeutet, daß sich die ganze embryonale Phase der Jungenentwicklung in der Gebärmutter des Muttertiers abspielt. Auch nach der Geburt bleiben die Jungen noch lange in der Obhut ihrer Mutter, die sie nicht nur mit ihrer Milch ernährt, sondern auch vor Feinden schützt und erzieht. Dies alles erhöht wesentlich die Überlebenschancen der Jungen, von der Zeugung bis zu ihrer Selbständigkeit.

Der Mutterkuchen – eine geniale Einrichtung

Zur Ernährung eines Säugetierembryos während seines Heranwachsens im Mutterleib entwickelt sich ein spezielles, im Tierreich einmaliges Organ, der Mutterkuchen. Über ihn wird der Embryo mit Nährstoffen aus dem Körper der Mutter versorgt. Die Ausscheidungen des Jungen werden auf dem gleichen Weg abtransportiert. Auch den lebensnotwendigen Sauerstoff bekommt das ungeborene Junge auf dem Weg über das mütterliche Blut durch den Mutterkuchen zugeführt. Nicht zuletzt gewährleistet der Mutterkuchen einen weitgehenden Schutz des Ungeborenen vor Infektionen mit Krankheitserregern.

Nesthocker und Nestflüchter

Die Trächtigkeit oder Tragzeit der Säugetierweibchen ist je nach Art verschieden lang. Das hängt nicht nur von der unterschiedlichen Größe der Tiere ab, sondern auch davon, in welchem Entwicklungsstand das Junge geboren wird.

Zum Bild: Junge Wildkaninchen werden blind geboren. Nach etwa 10 Tagen beginnen sich ihre Augen zu öffnen. Die ersten Wochen ihres Lebens verbringen die Kaninchenjungen gut geschützt in einem Erdbau. Ihr Nest ist mit dicken Haarbüscheln, die sich das Muttertier aus dem Bauchfell gerupft hat, weich gepolstert. Wildkaninchen sind Nesthocker.

Nesthocker – Nestflüchter

Von Klein auf kann ein Rehkitz große Sprünge machen.

Zum Bild: Wenn es still im Gras liegt, ist ein Rehkitz durch seine Fleckenzeichnung gut getarnt. Kommt ein Feind aber allzu nahe, hilft nur noch Flucht!

Die Neugeborenen von Huftieren, die in verhältnismäßig ungeschütztem Gelände zur Welt kommen, sind weitgehend »fertig« entwickelt. Sie können schon am Tag ihrer Geburt stehen, laufen und ihrer Mutter folgen.
Raubtiermütter bringen ihre Jungen in geschützten Lagern, zum Teil in Erdbauen zur Welt. Die Kleinen sind noch recht wenig entwickelt, zwar schon behaart, aber noch blind.
Auch der Nachwuchs von Kleinnagern und Insektenfressern kommt in geschützten Verstecken oder unterirdischen Bauen zur Welt, häufig warm gebettet in ein richtiges Nest. Diese Tierkinder sind bei der Geburt noch sehr »unfertig«, nicht nur blind, sondern auch nackt. Sie brauchen in ihrer Hilflosigkeit eine ganz besonders intensive Betreuung durch die Mutter.
In Anlehnung an das verschiedene Verhalten von Vogeljungen nennt man auch bei den Säugetieren Jungtiere, die von Anfang an laufen können, Nestflüchter und solche, die in den ersten Wochen ihres Lebens im Wurflager bleiben, Nesthocker.
Eine dritte Kategorie bilden die Traglinge unter den Säugerjungen. Bei den Primaten (einschließlich der ursprünglichen Menschen!), aber auch bei einigen Fledermausarten werden die Jungen körperlich unselbständig und hilflos geboren, werden von der Mutter aber nicht in einem Nest oder Bau abgelegt, sondern am Körper mit herumgetragen. Die Jungen können zwar nicht laufen, sich aber sehr wohl aus eigener Kraft am Fell der Mutter festklammern.

Seit Tausenden von Jahren leben Hausmäuse bevorzugt in menschlichen Gebäuden. Nirgendwo sonst finden sie bequemer so viel Nahrung.

Säugetiere erleben

Warum sieht man bei einem Spaziergang in der freien Natur eigentlich so selten Säugetiere? Zweifellos liegt es bei einigen Arten vor allem daran, daß sie so selten geworden sind. Generell aber haben sich Säugetiere aufs Verbergen spezialisiert. Die Strategie der meisten Arten heißt »Feindvermeidung«. Viele vertrauen auf den Schutz der Dunkelheit und führen ein nächtliches Leben, während sie den Tag in ihren Bauen oder Unterschlupfen verbringen. Andere sind durch eine Tarnfärbung des Fells vor Entdeckung geschützt. Trotzdem: Wer leise und mit offenen Augen durch die Natur streift und sich Zeit nimmt zum Beobachten, wird vieles von dem, was in diesem Kapitel über die Lebensweise der Tiere erzählt wird, auch selbst sehen und erleben können.

Hauptsache Überleben!

Mutter Natur ist eine geduldige, unerschöpfliche und kraftvolle Mutter – eine gütige Mutter ist sie nicht. Hart und erbarmungslos führt sie ihr Regiment. Ihre Geschöpfe, Tiere und Pflanzen, unterliegen alle dem eisernen Gesetz, daß nur die besten überleben und sich weiter fortpflanzen können. Wer Schwäche zeigt oder krank ist, wer sich nicht geschickt genug anstellt oder nicht wachsam genug ist, wird im ewigen Kampf ums Überleben über kurz oder lang unterliegen. In der Sprache der Evolutionsforschung nennt man diese Tatsache »Selektion« – Auswahl der Geeignetsten. Durch dieses harte Naturgesetz ist gewährleistet, daß der Bestand einer Art über Generationen gesund und stark bleibt.

Fressen und Gefressenwerden

In der freien Natur verbringen die meisten Tiere die überwiegende Zeit des Tages (oder der Nacht) damit, Nahrung zu beschaffen. Für Tiere, die sich von anderen Tieren ernähren wie die Raubtiere oder die Insektenfresser, ist dies besonders schwierig. Das Aufspüren und Fangen der Beute kostet die Raubtiere viel Energie, setzt scharfe Sinne und einige Geschicklichkeit voraus.

In der Not frißt der Teufel Fliegen...

... und der Fuchs Regenwürmer und Heuschrecken. Wer glaubt, ein Raubtier mache jeden Tag spektakuläre Beute, irrt gewaltig. Viele Male schleicht sich der Fuchs vergeblich an eine Maus oder ein anderes attraktives Beutetier heran, bis ihm einmal das Jagdglück hold ist. Schließlich sind die Opfer allesamt auf der Hut und nicht leicht zu überraschen. Hat der Fuchs eine Weile überhaupt keinen Jagderfolg, begnügt er sich, der Stimme seines knurrenden Magens gehorchend, eben auch mit Insekten oder gar pflanzlicher Kost wie Beeren, Pilzen oder Feldfrüchten.

Vorräte für den Winter

Da haben es die Pflanzenfresser unter den Tieren doch einfacher, ihre Nah-

Zu den Bildern: Junge Rotfüchse (Bild links) werden noch lange, nachdem sie von der Muttermilch entwöhnt sind, von ihren Eltern mit Nahrung versorgt. Unermüdlich tragen Vater und Mutter Beute herbei.
Wenn die Füchslein größer geworden sind, bekommen sie auch lebende Beutetiere vorgesetzt, an denen sie das Fangen und Töten üben. Im Spätherbst verlassen die herangewachsenen Jungfüchse die Familie und gehen ihre eigenen Wege. Im Winter zeigt sich dann, ob sie gelernt haben, sich selbst zu versorgen (Bild rechts oben).

Fressen und Gefressenwerden

Der Rotfuchs hat einen Fasan erbeutet.

rung wächst ihnen sozusagen direkt ins Maul. Dafür haben sie aber in den gemäßigten und nördlichen Breiten mit einem ganz anderen Problem fertigzuwerden: dem Winter, in dem die Pflanzen »Pause machen« und die verbliebenen Vegetationsreste gefroren und zudem noch unter einer Schneedecke verborgen sind. Da hilft nur, rechtzeitig für die kalte Jahreszeit Vorräte anzulegen.

Eichhörnchen zum Beispiel können wir im Sommer und Herbst häufig dabei beobachten, wie sie mit einer Haselnuß oder Eichel im Mäulchen herumlaufen. Sie fressen sie nicht, sondern vergraben ihre Schätze eifrig im Boden oder stecken sie in hohle Baumstrünke. Hierhin eine Nuß, dorthin eine dicke Eichel, und zwischen die dicken Wurzeln dort könnte noch eine Buchecker passen. Sorgfältig scharren die possierlichen Tiere die Laub- und Mulchschicht des Waldbodens wieder glatt, so daß niemand mehr das kleine Versteck erkennen kann. Wenn das Eichhörnchen im Winter Hunger verspürt, wird es aus seinem warmen Nest klettern und sich eine Nuß nach der anderen ausgraben. Allerdings findet es bei weitem nicht alle versteckten Vorräte wieder. Ungewollt tragen Eichhörnchen somit zur Verbreitung der Baumsamen im Wald bei.

Ein anderes kleines Säugetier, das auf unseren Feldern lebt, hat einen geradezu sprichwörtlichen Hang zum Horten von Nahrungsvorräten: der Feldhamster. Er legt in seinem unterirdischen Bau neben dem Wohnbereich große Vorratskammern an, die er im Herbst mit Getreide und Grassamen und anderem Pflanzenmaterial auffüllt. Der Hamster stopft sich die Nahrung in seine weit dehnbaren Backentaschen (»Hamsterbacken«) und trägt sie darin in den Vorratsbau. Bis zu 15 Kilogramm Nahrungsvorräte trägt ein einziger Hamster auf diese Weise zusammen – eine gewaltige Menge für ein Tier, das selbst nur 200 – 400 Gramm wiegt!

Schutz vor Feinden – Tarnung

Bei einem Spaziergang über die Felder kann es geschehen, daß unmittelbar neben uns mit einem jähen Satz ein Hase aufspringt und hakenschlagend davonrennt. Er muß wohl regungslos in einer Furche am Ackerrand gesessen sein, daß wir ihn nicht eher bemerkt haben. Und während wir ihm noch verblüfft hinterherschauen, ist er ebenso plötzlich wieder verschwunden, wie er auftauchte. Dabei sitzt er nur ganz tief in eine Ackermulde geduckt, mit angelegten Ohren und ohne die geringste Bewegung. Sein gelblichbraun meliertes Fell läßt den Hasen farblich mit dem Untergrund verschmelzen. Wenn der Wind günstig steht oder der Feind keine besonders gute Nase hat, bleibt Meister Lampe dadurch oft unentdeckt. »Feindvermeidung« heißt seine Überlebensstrategie. Doch auch wenn er sich noch so reglos auf den Boden drückt, ist er dabei äußerst wachsam. Kommt der Feind allzu nahe, darf der Hase den richtigen (oder letztmöglichen) Zeitpunkt zur Flucht nicht verpassen. Weil er die Augen starr offen hält, wenn er sich vor einem Feind duckt, ist die Volksmeinung entstanden, der furchtsame Hase schlafe sogar mit offenen Augen. Das ist allerdings ein Irrtum. Ein Hase schläft tagsüber häufig, aber immer nur wenige Sekunden bis höchstens Minuten lang, und zwar mit geschlossenen Augen. Durch diesen stückchenweisen Schlaf hält er die riskante Zeit der Unaufmerksamkeit so kurz wie möglich.
Manch andere Säugetiere haben ebenso kurze oder noch kürzere Schlafzeiten.

Tarnung im Schnee

Was nützt einem Tier ein wunderschön erdfarbenes Tarnkleid, wenn im Winter der Boden ringsum nicht mehr braun, sondern weiß von Schnee ist? Manche Arten, die Gebiete bewohnen, in denen im Winter gewöhnlich Schnee liegt, verändern deshalb im Herbst mit dem Haarwechsel auch die Farbe ihres Fells. Der Schneehase zum Beispiel ist solch ein Verwandlungskünstler. Noch während er sein graubraunes Fell trägt, wachsen die weißen Haare des Winterfells. Zunächst bleiben sie aber noch unter den grauen verborgen. Zieht der Winter ins Land, fallen die dunklen Haare in kurzer Zeit aus und die weißen kommen zum Vorschein. Der Zeitpunkt des Haarwechsels wird dabei einerseits von der Tageslänge bestimmt, andererseits hängt er von der Umgebungstemperatur ab. Im Norden Skandinaviens begegnen uns das ganze Jahr über weiße Schneehasen, im klimatisch milden Irland dagegen braune. In mäßig kalten Gebieten Skandinaviens und in Schottland wiederum verläuft die Umfärbung im Herbst meist nur unvollständig. Die Hasen, die uns hier im Winter begegnen, tragen oft ein braunweiß geschecktes Fell.
Natürlich bietet so ein weißes Tarnkleid nicht nur den Gejagten Vorteile, sondern auch den Jägern. Der arktische Eisfuchs jedenfalls trägt in der winterlich verschneiten Tundra alljährlich weiß. Auch unser Hermelin legt im Herbst ein weißes Fell an – bis auf die Schwanzspitze. Die bleibt jahraus, jahrein kohlschwarz – ein eindeutiges Erkennungsmerkmal.

Überleben in Schnee und Eis

Was machen eigentlich die Wildtiere im Winter? Der Körper verbraucht besonders viel Energie, um nicht auszukühlen, die Nahrung dagegen ist oft knapp. Ein durchnäßtes Fell oder eine vorübergehende Unterkühlung führen

Schneehase im Winterkleid

nicht selten zu Infektionskrankheiten und zum Tod. Doch die Wildtiere haben sich an die Lebensbedingungen ihrer Heimat angepaßt. Mit unterschiedlichen Strategien begegnen sie den Unbilden des Winters.

Zum Bild: Wie kann man Hasen von Kaninchen unterscheiden? Unter anderem an den schwarzgeränderten Ohrspitzen, die den Wildkaninchen fehlen.
Der Schneehase verliert dieses Merkmal auch im ansonsten völlig weißen Winterfell nicht.

Ein mollig warmes Winterfell

Ein Rotfuchs pirscht durch den verschneiten Wald. Ansehnlich dick ist er geworden seit dem letzten Sommer, so scheint es. Nun, er hat allerdings sein bestes getan, im Herbst noch soviele Mäuse wie möglich zu fangen, um sich ein wenig Speck auf die Rippen zu futtern. Was ihn jetzt aber so dick macht, ist nicht Fett, sondern eigentlich nur Luft. Die dichten Wollhaare seines Unterfells sind seit dem Sommer immer länger geworden, so daß sie nun die zuvor schräg gelegenen rotbraunen Deckhaare aufrichten. Fast senkrecht zur Körperoberfläche stehen diese jetzt und lassen dadurch vor allem den Rumpf und Hals des Fuchses reichlich voluminös erscheinen. Die Haare des Pelzes halten zwischen sich eine dicke Luftschicht fest – und auf die kommt es

Braunbär vor seiner Überwinterungshöhle.

vor allem an! Pelz allein wärmt nämlich nicht. Von der warmen Körperoberfläche geht ständig Wärme an die kältere Umgebung verloren, um so mehr, je größer der Temperaturunterschied ist. Wird unmittelbar über der Haut eine Luftschicht festgehalten (durch Fellhaare oder Federn, oder bei

Zum Bild oben: Lange ist man davon ausgegangen, daß die großen Bären keinen Winterschlaf, sondern nur eine »Winterruhe« halten. Neuere Forschungen brachten an den Tag, daß sowohl die Eisbären als auch Braunbären in der Lage sind, ihre Körpertemperatur, Puls- und Atmungsfrequenz vorübergehend so abzusenken wie die »echten« Winterschläfer.

Zum Bild: Die Haselmaus baut sich für den Winterschlaf ein besonders dickwandiges Nest aus trockenem Gras und Blättern, das am Boden, meist tief im Fallaub oder unter Baumwurzeln liegt. Fest zusammengerollt »verschläft« sie darin die kalte Jahreszeit.

uns Menschen durch einen dicken Wollpullover) und durch die Körperwärme erwärmt, wird der Temperaturunterschied zwischen dieser Luft und der Haut kleiner, der Wärmeverlust aus der Haut nimmt deshalb ab.
Wie muß ein Pelz beschaffen sein, damit er gut gegen Wärmeverluste schützen kann? Zum einen sollte er möglichst dicht sein, das heißt mit vielen Haaren pro Quadratzentimeter, denn um so weniger kann ein scharfer Wind hineinfahren und die isolierende angewärmte Luftschicht zwischen den Haaren wegblasen. Zum anderen ist ein Pelz um so wirkungsvoller, je dicker er ist, also je länger die Haare sind, denn dann ist auch die isolierende Luftschicht sehr dick. Besonders lange Haare finden wir beim Wolf und Eisfuchs, bei denen das Winterfell bis zu sieben Zentimeter dick ist.
Ein so dicker Pelz eignet sich allerdings nur für größere Tiere; eine Maus könnte mit so einem Fell gar nicht mehr laufen. Kleine Säugetiere müssen also sehen, wie sie auch ohne dicken Pelz über den Winter kommen. Aber auch hier hat die Natur eine Lösung gefunden:

Betrieb auf Sparflamme

Einige Säugetiere verbringen den Winter schlafend. Der Winterschlaf ist aber nicht vergleichbar mit unserer Art von Nachtruhe. Er ist vielmehr eine erstaunliche Überwinterungsstrategie. Bei den Murmeltieren zum Beispiel sinken innerhalb weniger Tage die Körperfunktionen auf ein Mindestmaß ab. Das Herz schlägt nur noch 3–5mal in der Minute (beim wachen Tier dagegen 90–140mal), die Zahl der Atemzüge verringert sich stark, und die Körpertemperatur sinkt bis auf 4–7 Grad Celsius. Dadurch wird der Energieverbrauch entscheidend gedrosselt, das Murmeltier kann den langen Bergwinter über ausschließlich von seinen Fettpolstern zehren, die es sich im Sommer angefressen hat. Zwar wacht es alle 2–3 Wochen kurz auf, um Kot und Harn abzugeben, nimmt aber keine Nahrung zu sich. Wenn sich auch bei Winterschläfern die Körpertemperatur weitgehend der Umgebungstemperatur angleicht, sind der Abkühlung des Körpers doch Grenzen gesetzt. Sinkt die Temperatur im Bau auf Minusgrade, weckt der Kältereiz über ein Alarmsystem im Gehirn die Schläfer auf, bevor sie tatsächlich erfrieren.
Im Winterschlaf drängelt sich die ganze Murmeltiersippe in einem einzigen Kessel zusammen, denn in der Gruppe verlieren die schlafenden Tiere durch den engen Körperkontakt weit weniger Wärme, als wenn sie einzeln liegen würden. Vor allem die Jungtiere, die nur über geringe Fettreserven verfügen, überleben ihren ersten Winter um so wahrscheinlicher, je größer die Schlafgemeinschaft ist. Wenn die Murmeltiere im Frühjahr zur Zeit der Schneeschmelze ihren Winterschlaf beenden, sind sie so stark abgemagert, daß ihnen der Pelz um den Leib schlottert. Gierig fressen sie das Heu vom letzten Herbst und die ersten frischen Grasspitzen, um schnell wieder zu Kräften zu kommen.

Winterruhe ist kein Winterschlaf

Auch andere Tiere verschwinden im Winter für längere Zeit in ihren Bauen. Das Eichhörnchen zieht sich in sein kunstvolles Reisignest zurück, der Dachs in seinen geräumigen Bau im Waldboden. Im Gegensatz zu den Winterschläfern sinkt aber bei diesen Tieren die Körpertemperatur nicht weit unter das Normalmaß ab. Sie ruhen oder schlafen nur einfach viel und lassen sich für Tage oder gar Wochen nicht mehr draußen blicken, vor allem nicht bei naßkaltem Wetter.

Tiere als Baumeister

Auch Tiere brauchen ein Zuhause, einen geschützten Platz zum Schlafen oder zum Aufziehen der Jungen. Einige begnügen sich mit einer Bodenmulde oder einem Dickicht in ihrem Wohnrevier, andere vertrauen auf die Sicherheit innerhalb einer großen Gruppe von Artgenossen. Aber es gibt auch Spezialisten, die sich als geschickte Baumeister betätigen und sich ein Heim ganz nach ihrem eigenen Geschmack anfertigen.

Nester wie die Vögel

Es ist nicht nur Privileg der Vögel, sich eine Heimstätte aus Gras, Laub und Zweigen zu flechten. Auch einige unserer Säugetiere verstehen sich auf diese Kunst. Eichhörnchen zum Beispiel formen sich in der Krone großer Laubbäume aus Reisig stabile, festverankerte Kugelnester, sogenannte Kobel. Der Eingang zeigt meist nach unten und innen ist die Kugel mit Gras und einer dicken Schicht Moos weich und warm ausgepolstert. Gewöhnlich baut sich jedes Eichhörnchen mehrere Nester, ein großes, stabiles Hauptnest und einige leichte, luftige Sommerquartiere sowie Ausweichnester für Notfälle. So kann eine Eichhörnchenmutter bei einer Störung am Nest ihre hilflosen Jungen rasch in ein anderes, sichereres Quartier umsiedeln.
Ein anderes Nagetier, die scheue Zwergmaus, baut ihr Nest knapp über dem Boden, im »Halmwald« eines Getreidefelds oder einer Wiese mit hohem Gras. Zuerst zerspleißt sie mit ihren scharfen Nagezähnen die Blätter nebeneinander wachsender Grashalme und verflicht sie miteinander. In dieses Grundgerüst zieht sie andere Pflanzenteile ein, bis eine ordentliche, dichte Kugel entstanden ist etwa von der Größe eines Tennisballs. Das Heim bekommt noch eine weiche Auspolsterung aus Blattmaterial, das mit den Zähnen aufs feinste zerfasert wird. Hier kann sie nun ihre Jungen zur Welt bringen. Wenn diese groß und selbständig geworden sind und ihre schwankende Kinderstube verlassen haben, wird sich ihre Mutter bald daranmachen, eine neue Nestkugel zu bauen. Bei Zwergmäusen bekommt nämlich jeder Wurf ein eigenes Kinderzimmer.

Wohnraum unter der Erde

Wer nicht tauchen, fliegen oder gut klettern kann, verschwindet zum Schlafen oder bei Gefahr am besten unter die Erde. Das sagen sich ziemlich viele Säugetiere, vor allem die kleineren Arten, die ständig vor Freßfeinden auf der Hut sein müssen. Die Maus huscht angesichts einer Katze blitzartig ins Mausloch, das Kaninchen entkommt dem pirschenden Fuchs, indem es hakenschlagend zum nächstgelegenen Eingang seines Baus rennt. So eine unterirdische Wohnung ist schon eine feine Sache, im Sommer schön kühl, im Winter aber frostfrei, bei Regenwetter trokken und eine sichere Zufluchtsstätte vor allen größeren Feinden. Das ist vor allem für den Nachwuchs ausschlaggebend, solange dieser hilflos im Nest sitzt oder zumindest noch nicht schnell genug flüchten kann.
Nur kann sich nicht jeder solch eine praktische Wohnung erstellen, man muß auch das geeignete Werkzeug dafür haben. Nehmen wir zum Beispiel den Dachs. Seine kräftigen Vorderbeine mit den langen Krallen sind gute Grabwerkzeuge, mit denen er ausgedehnte unterirdische Baue ausschach-

Wohnen über und unter der Erde

Eichhörnchen an seinem Kobel.

Zwergmaus an ihrem Kugelnest.

Zu den Bildern: Nicht alle aus Zweigen oder Gras gefertigten Nester auf Bäumen oder im Gebüsch sind Vogelnester. Auch einige unserer Säugetiere verstehen sich auf die Flechtkunst.

tet. Die Röhren des Tunnelsystems haben einen Durchmesser von etwa 23 Zentimeter und sind gerade weit genug, einen erwachsenen Dachs durchzulassen. Durch die Erweiterung einer Röhre an einer bestimmten Stelle entsteht die Wohnhöhle, in der Fachsprache Kessel genannt. Gewöhnlich liegt sie 5–10 Meter vom Eingang entfernt und manchmal in über drei Meter Tiefe. Sie ist mit trockenem Gras und Laub weich gepolstert und so geräumig, daß sich eine ganze Dachsfamilie darin zum Schlafen niederlassen kann. Für jeden Nachwuchs, den Mutter Dachs zur Welt bringt, gräbt sie einen neuen Wurfkessel aus. Große Bauanlagen, mit einem ausgeklügelten Gangsystem von Einstiegs- und Fluchtröhren sowie mit speziellen Luftschächten versehen, bestehen oft jahrzehntelang und werden von vielen Generationen einer Dachsfamilie bewohnt und ständig weiter ausgebaut. Man hat schon »Burgen« gefunden mit über 40 Ausgängen, deren Röhren in mehreren Etagen angelegt waren und insgesamt fast 100 Meter Länge hatten.

Ein absoluter Spezialist für Tiefbauarbeiten in Feld und Flur, aber auch in unseren Gärten, ist der Maulwurf. Sein Name kommt von dem altdeutschen Wort »Moltewurf«; Molte bedeutet Erde. Die Vorderfüße des Maulwurfs sind zu breiten Grabschaufeln umgebildet und taugen eigentlich zu nichts anderem mehr als eben zum Schaufeln von Erde. Unermüdlich gräbt der Maulwurf seine Gänge, indem er mit diesen Schaufelfüßen Bewegungen ähnlich wie beim Brustschwimmen

Von Biberdämmen regulierte Flußlandschaft.

macht und das lose Erdreich hinter sich wirft. Von Zeit zu Zeit schiebt er die lockere Erde durch senkrechte Seitenröhren zur Oberfläche. Daher sehen viele Maulwurfshügel, die an den Ausgängen dieser Röhren aus dem Aushubmaterial entstanden sind, ständig wie frisch aufgeworfen aus. Anders als der Dachs bewohnt der einzelgängerische Maulwurf sein Gangsystem gewöhnlich allein. Er verbringt fast sein ganzes Leben darin, schläft nicht nur, sondern jagt auch »unter Tage«, und zwar nach Würmern und anderen Bodentieren. Die Jagdröhren eines einzelnen Maulwurfs können eine Gesamtlänge von 150 Meter erreichen. Und im Winter? Dafür hat der Maulwurf einen seiner Gänge zu einer Nesthöhle erweitert, der darüberliegende Maulwurfshügel ist besonders groß ausgefallen.

Der Biber – Zimmermann und Landschaftsarchitekt

Ein Baumeister mit fast unglaublichen Fähigkeiten ist der Biber. Bei uns beinahe schon ausgestorben, können wir

Biber schleppt Nahrung zum Bau.

Zu den Bildern: Biber sind begabte Baumeister. Ihre Dämme sind gewöhnlich so stabil, daß sie einen erwachsenen Menschen tragen.

ihn und seine Bauwerke dank verschiedener regionaler Wiederansiedlungsaktionen in Zukunft wohl wieder öfter in freier Natur bewundern.
Biber leben an stehenden oder – lieber noch – an fließenden Gewässern. Um den Wasserstand »seines« Gewässers nach seinem Gutdünken regulieren zu können, baut der Biber aus Ästen und Stammstücken gefällter Bäume einen Damm. Bei einem großen Damm quer durch einen Fluß helfen meist alle Biber aus der Umgebung zusammen, bis die Konstruktion fertig ist. Dann löst sich der »Bautrupp« wieder in einzelne Familien auf, von denen jede – in gebührendem Abstand vom Nachbarn – ihre eigene »Burg« errichtet. So eine Biberburg ist ein wahres Wunder der Natur. Aus Knüppeln, Ästen und viel getrocknetem Schlamm errichtet, sieht sie vielleicht nicht besonders ordentlich aus, ist aber gewöhnlich so stabil, daß sie ohne weiteres einen erwachsenen Menschen trägt. Mehrere Gänge führen vom Gewässergrund aus schräg nach oben in den Burghügel hinein. Darin ist eine Freßkammer und eine geräumige Wohnkammer, die über dem Wasserspiegel liegt. Der ganze Haufen ist sorgfältig mit Schlamm und Lehm verschmiert und abgedichtet, nur in einem Teil des Burgdachs fehlt dieses Dichtungsmaterial. Die Biber haben dort jedoch nicht etwa nachlässig gebaut, dieser Bereich wirkt als Kamin und dient dem notwendigen Luftaustausch mit der Außenwelt.

Verständigung ist alles

Kommunikation ist ein Schlagwort unserer modernen Zeit. Wir übermitteln Nachrichten über weite Entfernungen, stellen Hinweisschilder auf, zeigen unserem Gegenüber durch Gebärden unsere momentane Stimmung und signalisieren den Mitmenschen durch Worte, Aussehen und Besitztum unseren eigenen sozialen Status. Dies sind aber keine »Erfindungen« von uns Menschen. All das machen die Tiere ebenfalls, und zwar schon seit Urzeiten, lange bevor es Menschen gab. Die Verständigung mit den Artgenossen ist einer der wichtigsten Bereiche im Verhalten jeder Tierart.

Reviere

Wie oft werden Wildtiere bedauert, die in Zoologischen Gärten oder Wildparks in begrenzten und umzäunten Gehegen leben! »Wie viel besser hätten sie es doch in der freien Natur«, rufen die Leute mit vorwurfsvollem Tonfall aus. Dabei ist das Leben in Feld und Wald gar nicht so grenzenlos frei. Gemeint sind nicht die Weide- oder Grenzzäune, die der Mensch überall gezogen hat. Diese stellen für die meisten Wildtiere kein wirkliches Hindernis dar. Vielmehr ist die Natur durchzogen von Grenzen, die wir nicht sehen können, weil sie aus Geruchsmarkierungen bestehen. Während wir Menschen »Augentiere« sind und damit zu den Ausnahmen unter den Säugetieren gehören, sind die meisten anderen Säugetiere »Nasentiere«. Das bedeutet, sie orientieren sich in erster Linie mit der Nase, die ihr schärfstes Sinnesorgan ist. Auch »persönliche« Informationen zwischen Artgenossen werden auf dem Duftweg übermittelt. Zum Beispiel die Information, wer wo wohnt.

<u>Duftende Türschilder</u>

Eine Wildkatze streift durch den Wald. An einem jungen Baumstamm richtet sie sich auf und kratzt ausgiebig mit den Vorderpfoten daran herum. Dann streckt sie sich etwas, macht ein paar rasche Putzbewegungen mit der Zunge und schlendert weiter. Ihre Krallen sind durch das Kratzen wieder schön scharf geworden und zugleich hat sie an diesem Baum, der am Rand ihres Jagdreviers steht, eine Duftmarke hinterlassen. Spezielle Duftdrüsen an ihren Zehenballen sondern nämlich ein Sekret ab, das zwar für menschliche Nasen keinen, für feine Katzennasen aber sehr wohl einen charakteristischen Geruch hat. Eine winzige Menge dieses Sekrets haftet nun als duftende Visitenkarte an dem Baumstamm. Die Botschaft an andere, dort vorbeikommende Wildkatzen lautet: »Ich war hier. Dies ist mein Revier.« Auch am Schwanz und am After hat die Wildkatze Drüsen, deren Duftstoffe sie an Zweige, Steine oder ähnliches reibt. Auch der Rotfuchs kennzeichnet sein Streifgebiet mit Duftmarken. Er benutzt dafür seinen Urin und ein Sekret aus seinen Afterdrüsen, das er an markanten Stellen absetzt. Duftdrüsen zwischen den Zehenballen hinterlassen am Boden Geruchsfährten, die Artgenossen über seine Streifzüge informieren. Im Herbst, wenn für die Gemsen die Brunftzeit gekommen ist, gebärden sich die Böcke oft wie toll.

Zum Bild: Ab Ende September schallt allenthalben ein kehliges Röhren durch den Wald. Die Rothirsche verkünden lauthals ihre Besitzansprüche an Brunftplatz und Weibchen. ▶

Kämpfende Rothirsche.

Zum Bild: Wenn zwei männliche Rothirsche um die Vormachtstellung über ein Rudel Hirschdamen streiten, geht es laut und wild, aber immer fair zu. Nur selten tragen die Hirsche ernsthafte Verletzungen davon. Sie wollen nur feststellen, wer von ihnen der Stärkere ist. Durch Ziehen und Schieben versucht jeder, den Gegner zu Boden zu drängen. Sobald der Schwächere aufgibt und zurückweicht, ist der Kampf beendet.

Wenn sie nicht gerade mit Rivalenkämpfen und Verfolgungsjagden beschäftigt sind, sieht man sie häufig ihre Krucken, das charakteristisch gebogene Gehörn, an niedrigen Ästchen oder Gestrüpp fegen. Die Böcke verteilen dabei ein stark nach Moschus duftendes Sekret, das in besonderen Drüsen an der Basis der Hörner, den sogenannten Brunftfeigen, gebildet wird.

Der Geruch dieses Sekrets (den übrigens auch wir Menschen deutlich wahrnehmen können) hat zwei Funktionen zugleich: Er dient zur Markierung des Reviers und wirkt sexuell anregend auf die umworbenen Geißen.

Auch die geselligen, in Großfamilien lebenden Wildkaninchen versehen die Grenzen ihres Familienterritoriums mit Duftmarken, indem sie ihr Kinn, an dem die Duftdrüsen liegen, an Zweigen oder Steinen reiben. Wehe dem fremden Artgenossen, der diese Grenzmarken ignoriert! Er wird von der ortsansässigen Kaninchensippschaft mit vehementen Angriffen vertrieben. Kaninchenmännchen geben sich aber nicht damit zufrieden, nur ihre Besitzansprüche auf Grund und Boden anzumelden. Als wahre Paschas markieren sie sogar ihre Weibchen direkt mit ihrem Urin. Eine deutliche (Duft-) Sprache für jedes andere Männchen: »Pfoten weg, die gehört mir!«

Offensichtlich nehmen die Tiere die Feststellung von Reviergrenzen sehr ernst und verwenden viel Sorgfalt auf die entsprechenden Markierungen. Im Gegenzug prüft der Artgenosse durch Beriechen der »Visitenkarten« die Besitzverhältnisse – und erkennt sie gewöhnlich an.

Konflikte und Kämpfe

Viele Wildtiere verfügen über gefährliche Waffen. Mit spitzen Zähnen, kräftigen Hörnern, scharfen Krallen oder harten, schlagstarken Hufen können sie einem Gegner den Garaus machen. Zur Verteidigung gegen Gefressenwerden ist dies wahrlich oft notwendig. Es ist aber nicht immer nur ein Freßfeind, gegen den ein Tier kämpfen und sich zur Wehr setzen muß. Die eigenen Artgenossen bieten oft genug Anlaß zu Konflikten. Da gibt es Streit über den Besitz eines Reviers, über die »Vorrechte« bei einem brünstigen Weibchen oder über die Rangfolge und Vorherrschaft im Rudel. Nun liegt es aber durchaus nicht im Sinne der Natur, daß Tiere ihre eigenen Artgenossen verletzen oder gar töten. Das widerspräche dem obersten Gebot, dem der Arterhaltung. Das Dilemma läßt sich lösen, indem die Rivalen Turnierkämpfe austragen, bei denen zwar erbittert gefochten wird, die aber meistens unblutig verlaufen.

Je gefährlicher die Waffen, desto strenger das Reglement

Der Igel ist mit seinem Stachelfrack ja ein wehrhafter Geselle, aber umbringen kann er damit kaum einen Feind. Wenn sich zwei Igel aber ernsthaft »in die Stacheln geraten«, fließt nicht selten Blut. Die Kämpen klappen ihre Stirn- und Nackenstacheln nach vorn vor das Gesicht und rammen damit den Gegner. Dabei versucht jeder, den anderen von der Seite zu unterlaufen und in den unbestachelten Bauch oder die Beine zu beißen. Dabei wird ohne Hemmungen zugebissen – wehe dem, der vor lauter Angriffswut seine eigene Deckung vernachlässigt! Das gibt schmerzhafte kleine Bißwunden, die aber nicht des Gegners Tod bedeuten.

Anders beim Raubtier Wolf. Mit seinem starken Gebiß kann er ohne weiteres Tiere töten, die größer sind als er selbst. Wölfe, die in einem Rudel zusammenleben, kennen sich alle untereinander ganz genau und haben eine feste Rangordnung. Aufgrund eines natürlichen Ehrgeizes ist aber jedes Rudelmitglied bestrebt, seine Rangposition zu verbessern und es kommt daher immer wieder zu Auseinandersetzungen. Würden die Wölfe dabei mit vollem Einsatz ihrer Kräfte und natürlichen Waffen kämpfen, wären dies zweifellos jedesmal Kämpfe auf Leben und Tod. Statt dessen kommt es in der Regel zu folgender Szene: Knurrend und zähnefletschend gehen die Gegner immer wieder aufeinander los, schnappen blitzschnell nach dem anderen, weichen geschickt den Gegenangriffen aus. Von einem Moment zu andern wird einer der Kämpfer seltsam passiv, seine Mimik verändert sich. Die zuvor wütend gekrauste Nase ist nun glatt, die leicht nach hinten gezogenen Mundwinkel geben seinem Gesicht fast den Ausdruck eines ängstlichen Grinsens. Mit gesenktem Hinterteil und angehobener Schnauze bietet er dem Gegner seine Kehle dar. Jetzt wirft er sich gar auf den Boden und reckt seinem Kontrahenten auch noch den empfindlichen Bauch entgegen. Wollte dieser, wäre es ihm nun ein leichtes, den offensichtlich schwächeren zu »erledigen«. Mit seiner Demutsgeste hat der Unterlegene jedoch dem Stärkeren seine Unterwerfung angezeigt. Die ungeschützt dargebotene Kehle ist ein Signal, das beim Artgenossen eine angeborene Beißhemmung auslöst.

Die Sorge um den Nachwuchs

Verglichen mit anderen Tiergruppen bringen Säugetiermütter nur wenige Junge zur Welt. Dafür passen sie nach der Geburt um so besser auf sie auf. Ob Katze oder Maus, Fuchs oder Kaninchen, die Mütter betreuen ihre Jungen hingebungsvoll, versorgen sie mit Nahrung, halten sie sauber und verteidigen und schützen sie nach Kräften vor allen Gefahren. Bei einigen Tierarten, zum Beispiel bei den Raubtieren, hört die mütterliche Fürsorge auch noch nicht auf, wenn der Nachwuchs herangewachsen ist. Die Jungtiere bekommen erst noch eine gründliche Unterweisung darin, was als Beute in Frage kommt und wie man dieser am besten habhaft wird.

Die Geburt einer Fledermaus – ein riskantes Manöver

Es ist Anfang Mai. Einige trächtige Zwergfledermausweibchen haben sich im Dachgestühl eines alten Fachwerkhauses zusammengefunden, um in dieser »Wochenstube« gemeinsam die Stunden des hellen Tages zu verschlafen. Fast täglich kommen einige weitere Weibchen dazu. Schließlich sind es über 100 Tiere, die hier ihre Jungen zur Welt bringen wollen. Mitte Juni ist es schließlich so weit. Das erste Fledermausweibchen sondert sich ein wenig von den übrigen, in einer dichten Traube beieinanderhängenden Genossinnen ab und nimmt eine typische Geburtsstellung ein: sie hängt nicht mehr kopfunter an der Decke, sondern klammert sich mit dem Kopf nach oben an einen Balken. Rasch nacheinander werden nun ihre Zwillinge geboren. Die Mutter bildet dabei mit ihrer Flughaut zwischen den Hinterbeinen und dem Schwanz eine Art Tasche, in der sie die Jungen auffängt, sobald diese aus dem Geburtskanal herausgleiten. Würde ein Junges abstürzen, wäre dies sein sicherer Tod. Das Weibchen aber ist eine erfahrene, geschickte Mutter, und die Zwillinge sind schon dabei, an ihrem Bauch emporzuklettern, um sich an einer Zitze festzusaugen. Die Winzlinge sind kaum größer als Bienen. Neugeborene Zwergfledermäuse wiegen nur 1,3 bis 1,5 Gramm.

In den folgenden Wochen bringen auch die anderen Weibchen der Gruppe ihre Jungen zur Welt, einige nur eines, die meisten aber ebenfalls Zwillinge. Bei Einbruch der Dämmerung bereiten sich die Fledermausmütter auf ihre nächtlichen Jagdflüge vor. Mit sanften stupsenden Bewegungen bringen sie ihre Jungen dazu, sich von der Zitze und vom mütterlichen Bauchfell zu lösen. Sie werden, an der Decke des Quartiers hängend, zurückgelassen, manchmal unter der Obhut einiger daheimbleibender Weibchen. Die Jungen rücken zu dichten Trauben zusammen, um sich gegenseitig zu wärmen. Kehrt die Mutter von der Nahrungssuche zurück, findet sie aus den Hunderten von piepsenden jungen Fledermäusen zielsicher ihre eigenen Jungen heraus. Mit ihrem unglaublich feinen Gehör erkennt sie ihre Jungen an der Stimme wieder, deren individuellen Klang sie sich sofort nach der Geburt fest eingeprägt hat. Sie muß die Kleinen finden, denn von anderen Weibchen würden sie keinen Tropfen Milch bekommen. Eine Fledermausmutter säugt immer nur ihre eigenen Jungen, niemals ein fremdes.

Nachwuchs bei Reineke Fuchs

Der Fuchsbau am Rande der Waldlichtung ist für den in Kürze zu

Nachwuchs stellt sich ein

Feldhasenweibchen mit Jungem.

erwartenden Nachwuchs hergerichtet. Die Fähe hat den Kessel vom letzten Jahr noch etwas erweitert und frisch ausgepolstert. Nun, da sie fühlt, daß die Geburt ihrer Jungen kurz bevorsteht, hat sie den Rüden mit aller Deutlichkeit aus dem Bau verwiesen. Anderntags liegen vier hilflose Fuchsbabys neben ihr. Volle neun Tage lang verläßt die besorgte Mutter ihre Neugeborenen keine Minute. Daß sie währenddessen dennoch nicht hungern muß, hat sie dem Rüden zu verdanken Er füttert während dieser ersten Tage intensivster Jungenbetreuung sein Weibchen fortlaufend. Gerade erscheint der Rüde wieder mit Beute im Maul am Eingang des Baus. Er ruft die Fähe mit speziellen, tiefen Stakkato-Lauten, die ihr anzeigen sollen, daß er hereinkommen möchte. (Er respektiert ihren Wunsch nach einer Intimsphäre nach wie vor.) Da er kein warnendes

Zum Bild: Junge Feldhasen haben keinen schützenden Bau. Schon wenige Stunden nach der Geburt können sie laufen und verteilen sich auch sogleich einzeln im Feld. Dann bleibt jeder still und geduckt sitzen und wartet, bis die Mutter zwei- bis dreimal am Tag zum Säugen vorbeikommt.

Knurren aus dem Inneren des Baus hört, schlüpft er hinein und läßt die mitgebrachte Maus direkt neben seiner Familie fallen. Dann verschwindet er gleich wieder, er will ja nicht weiter stören. Die Fuchsmutter schnappt gierig nach der Nahrung – sie braucht dazu nicht einmal aufzustehen – und verschlingt sie.
Zwei Wochen später öffnen sich allmählich die Augen und Ohren der kleinen Füchslein und ihre Milchzähnchen brechen durch. Nun beginnt ihre Mutter sie Schritt für Schritt auch an feste Nahrung zu gewöhnen. Sie hat

mittlerweile wieder angefangen, auch selbst auf Nahrungssuche zu gehen, obwohl der Vater immer noch regelmäßig Jagdbeute anschleppt. Zunächst bietet die Fähe ihren Jungen eine Art Babybrei an, indem sie den vorverdauten Inhalt ihres Magens vor den Welpen entleert. Später wird sie ihnen verschiedene Beutetiere vorlegen, erst kleine, dann auch größere.
Mit 1–2 Monaten werden die Jungfüchse damit beginnen, die Welt außerhalb ihres Baus zu erkunden. Bei ihren immer lebhafteren Spielen werden sie zusehends an Geschicklichkeit gewinnen und viele für das spätere Überleben notwendige Verhaltensweisen einüben. Das alles spielt sich aber noch in der unmittelbaren Nähe des schützenden elterlichen Baus und vor allem unter den wachsamen Augen der Mutter ab. Erst im Spätherbst wird die behütete Jugendzeit der Jungfüchse vorbei sein und sie werden von ihren Eltern aus deren Revier vertrieben werden. Bis dahin müssen sie es gelernt haben, sich selbst durchs harte Fuchsleben zu schlagen.

Das »verlassene« Bambi ist nicht verwaist!

In der Abenddämmerung grast ein kleines Rudel Hirschkühe friedlich auf einer Waldlichtung. Nur ein Tier benimmt sich merkwürdig unruhig. Es spürt, daß das Kalb in seinem trächtigen Leib nun geboren werden will. Die Hirschkuh sondert sich ein wenig ab von den übrigen und es dauert gar nicht lang, da hat ihr Kalb das Licht der Welt erblickt. Die Mutter säubert und massiert das kleine nasse Bündel sorgfältig mit ihrer Zunge. Das kleine Hirschkalb hat wie alle Hirsche an den vorderen Augenwinkeln verschließbare Hautfalten, eine Art Taschen, in denen eine Duftdrüse verborgen liegt. Nun, gleich nach seiner Geburt, hat das Kalb diese Hauttaschen weit geöffnet und verströmt seinen individuellen Sekretgeruch. Diesen Geruch prägt sich die Hirschkuh in den ersten Minuten nach der Geburt fest ein. Sie wird daran ihr Kalb in Zukunft unfehlbar erkennen. Obwohl das neugeborene Hirschkalb wie alle Huftiere schon nach wenigen Stunden stehen und laufen kann, bleibt es doch in den ersten Tagen seines Lebens gut versteckt unter einem Gebüsch oder in hohem Gras liegen und wartet, bis die Mutter zum Säugen zu ihm zurückkommt. »Abliegen« nennen die Jäger und Wildbiologen ein solches Verhalten. Weil sich das Kalb instinktiv ganz still hält und überdies die Tupfen auf seinem Fell die Konturen des Körpers gleichsam auflösen, kann es nicht so leicht entdeckt werden.
Die Mutter ist mittlerweile zum Grasen gegangen. Sie achtet sorgfältig darauf, sich immer »mit dem Wind« von ihrem abliegenden Jungen zu entfernen. Das Kälbchen hält die Hauttaschen seiner Voraugendrüsen leicht geöffnet. So kann die Mutter es stets riechen. Da knackt es im Unterholz. Nähert sich da eine Gefahr? Instinktiv drückt sich das Hirschkalb eng an den Boden. Zugleich verschließt es die Hautfalte über seinen Voraugendrüsen. Dadurch reißt das »Geruchskontaktband« zur Mutter ab. Beunruhigt kommt die Hirschkuh eilends zu ihrem Kalb zurückgelaufen. In wenigen Schritten Entfernung von der Abliegestelle bleibt sie stehen und prüft witternd, ob Gefahr in der Nähe ist. Diesmal war es wohl blinder Alarm! Mit leisem, beruhigendem Fiepen ruft sie ihr Kalb zu sich und säugt es.

Familienplanung und Geburtenkontrolle

Während bei uns Menschen das ganze Jahr über Kinder geboren werden, ist bei den Säugetieren in unseren Breiten die Fortpflanzung meist auf die warme Jahreszeit beschränkt.

Fürsorge für die Jungen

Ein Rothirschkalb wartet im Feld auf die Rückkehr der Mutter.

Zum Bild: Ob der sich nähernde Fotograf wohl ein Feind ist? Instinktiv bleibt das Hirschkalb regungslos liegen und vertraut auf die Tarnfärbung seines Fells. Oft hat es damit Erfolg und wird glatt übersehen.

Der Lebensrhythmus der Wildtiere aber wird vom Wechsel der Jahreszeiten bestimmt, von der Witterung und dem Nahrungsangebot.
Das Interesse an der Fortpflanzung steht unter dem Einfluß der Sexualhormone. Ob diese Hormone im Körper gerade vermehrt gebildet werden oder nicht, wird von einem kleinen Bereich im Gehirn, der Hirnanhangdrüse, geregelt. Und deren Tätigkeit wiederum wird vor allem durch äußere Faktoren wie die Temperatur und die jahreszeitlich bedingte Tageslänge bestimmt. So kommt es, daß in unseren gemäßigten Breiten viele Tiere nur einmal im Jahr, zu einer ganz bestimmten Jahreszeit, fortpflanzungsbereit sind. In der Regel ist diese Zeit der Werbung und Paarung von der Natur so gewählt, daß nach einer der Tierart entsprechenden Tragzeit die Jungen im Frühjahr oder Sommer geboren werden, in einer Zeit also, in der sie die besten Überlebensbedingungen vorfinden. Damit dies immer so klappt, wie es soll, mußte sich die Natur in einigen Fällen einen Trick einfallen lassen. Nehmen wir zum Beispiel das Reh...

<u>Die verhaltene Tragzeit</u>

Als Tragzeit bezeichnet man die Zeit zwischen der Paarung und der Geburt der Jungen. Im allgemeinen haben kleinere Tierarten eine kurze und große Arten ein längere Tragzeit. Da scheint es nun doch merkwürdig, daß das kleinere Reh eine längere Tragzeit hat als der deutlich größere Rothirsch. Beim Hirsch findet die Brunft und folglich auch die Paarung im Oktober oder November statt, die Jungen werden Ende Mai oder Anfang Juni geboren. Das weibliche Reh dagegen wird oft schon im August gedeckt, die Rehkitze aber erblicken etwa zur gleichen Zeit wie ihre Vettern, die Hirschkälber, das Licht der Welt. Des Rätsels Lösung liegt in einer sogenannten Keimruhe, einer Pause in der Entwicklung des Rehembryos. Als kleines gefurchtes Bläschen bleibt der Keim in der Gebärmutter des Rehs einige Monate lang liegen. Dann erst, Mitte Dezember etwa, nistet er sich in der Gebärmutterwand ein und beginnt in normaler Weise zu wachsen und sich zu entwickeln. Rechnet man die Tragzeit erst von diesem Zeitpunkt ab, dauert sie 5 1/2 Monate, und das entspricht einem Zeitraum, wie er für ein Tier von der Größe des Rehs zu erwarten ist. Würde sich der Embryo nach der Paarung ohne Verzögerung entwickeln, kämen die Rehkitze im Februar, in der schneereichsten und härtesten Zeit, zur Welt. Keine sehr glückliche Vorstellung! Dann müßte die Paarung halt im Dezember stattfinden, möchte man meinen. Auch keine gute Lösung! Bei den Rehen ist die Brunft nämlich eine kräftezehrende Angelegenheit. Der Bock treibt das Weibchen in langen, wilden Verfolgungsjagden vor sich her, bis es sich schließlich von ihm einholen läßt und die Begattung duldet. Jetzt, zu Beginn des Winters, brauchen die Rehe aber alle ihre Kraftreserven, um gut über die harte Jahreszeit zu kommen. Die Natur hat wie immer die patenteste Lösung gefunden – die Paarung im Sommer und anschließend eine Keimruhe.

Gute und schlechte Mäusejahre

Viele kleine Tiere mit einer kurzen Tragzeit nützen die Sommermonate, um mehrmals nacheinander Junge zu bekommen. Nicht nur Kaninchen sind bekannt für ihre sprichwörtlich starke Vermehrung, Mäuse sind nicht weniger fruchtbar. Nehmen wir einmal ein Feldmausweibchen. Nach einer Tragzeit von knapp drei Wochen bringt sie in ihrer unterirdischen Nestkammer sieben Junge zur Welt. An einem der folgenden Tage wird sie von einem vorbeikommenden Mäusemännchen schon wieder begattet. Noch während sie ihre ersten Jungen säugt, wachsen in ihrem Leib die Embryonen des nächsten Wurfs heran. Das ist ein pausenloses Gebären, Säugen, Gebären für das Mäuseweibchen. Man kann sich

Zum Bild: Neugeborene Feldmäuse sehen so »unfertig« entwickelt aus, daß man sich nur schwer vorstellen kann, daß dieselben Jungen bereits in drei Wochen herangewachsen und selbständig sind. Weitere drei Wochen später werden sie ihrerseits wieder Junge bekommen. Unter guten Bedingungen kann es eine einzige Feldmaus in ihrem kurzen Leben von meist nur 4–5 Monaten auf die stolze Zahl von rund 500 Nachkommen bringen.

Natürliche Geburtenkontrolle

Wölfin mit einem Welpen.

Zum Bild: In nahrungsknappen Zeiten paaren sich nur die ranghöchsten Männchen und Weibchen eines Wolfsrudels. Alle Tiere der mittleren und tieferen Ränge werden kurzerhand von der Fortpflanzung ausgeschlossen. Auf diese Weise erreichen die Wölfe eine Art sozialer Geburtenregelung und vermeiden dadurch eine verhängnisvolle Übervölkerung in ihrem Wohngebiet.

vorstellen, wie kräftezehrend so ein Leben ist. Das hält auch eine Maus nur durch, wenn Nahrung im Überfluß vorhanden ist. Aber in der Kulturlandschaft des Menschen mit den riesigen Kornfeldern ist für ein reichliches Auskommen gesorgt. Und so vermehren sich die Mäuse weiter. Auch die Jungen natürlich, sobald sie im Alter von etwa 20 Tagen selbständig geworden sind.

Alle drei oder vier Jahre aber gipfelt die Entwicklung in einem sogenannten »Mäusejahr«. Dann vermehren sich die kleinen Nager so rasch, daß es zu einer gigantischen Überbevölkerung in ihrem Lebensraum kommt. Prompt nimmt die Zahl der mäusefressenden Tiere, der Füchse, Käuze und Mäusebussarde, auch rapide zu. Für sie ist es nun wie im Schlaraffenland, ihre Jungen sind kräftig und wohlgenährt. Inzwischen haben sich die Feldmäuse so sehr vermehrt, daß der Platz nicht mehr ausreicht für eigene Reviere und die vor kurzem noch so reichliche Nahrung knapp wird. Der Streß, unter dem die Mäuse stehen, wird unerträglich groß, sie kämpfen hemmungslos, jeder gegen jeden, ihre Nestjungen verhungern, ihre Weibchen werden unfruchtbar. Innerhalb weniger Wochen sterben sie zu Tausenden und Abertausenden. Aber immer bleiben genügend Feldmäuse übrig, um den Bestand in diesem Gebiet weiterzuführen.

Über Mittag wird geruht. Gemsen lieben es, sich an einem guten »Aussichtspunkt« zum Wiederkäuen niederzulegen.

Säugetiere bestimmen

Bei einer Wanderung durch den Wald oder im Gebirge eine unvermutete Begegnung mit einem Wildtier zu haben oder an einem Sommerabend auf der Terrasse sitzend einen heimlichen Gast im Garten beobachten zu können, läßt das Herz jedes Tierfreundes höher schlagen. Aber welches Tier war das, was man soeben gesehen hat? Zugegeben: einen Dachs oder Steinbock, einen Igel oder ein Eichhörnchen zu erkennen ist nicht schwierig. Aber wie sieht es mit den verschiedenen Marderarten aus oder etwa der Unterscheidung von Spitzmäusen, Wühlmäusen und Echten Mäusen? Einige Tierarten verändern ihr Aussehen mit den Jahreszeiten, bei einigen sehen Männchen und Weibchen sehr unterschiedlich aus. Das folgende Kapitel bietet die notwendigen Informationen, die verschiedenen Säugetierarten bestimmen zu können.

Ratschläge und Tips fürs Bestimmen

GU Kennfarben Code als Bestimmungshilfe

Im folgenden Bestimmungsteil sind die Tiere in Natur und Garten nach ihrer Zugehörigkeit zu verschiedenen Säugetierordnungen in sechs Farbgruppen aufgeteilt.

Roter Kennstreifen:
Auf den Seiten 48 bis 57 finden Sie die Insektenfresser: Igel, Spitzmäuse und Maulwürfe.

Schwarzer Kennstreifen:
Auf den Seiten 58 bis 71 finden Sie die Fledermäuse: Hufeisennasen und Glattnasen.

Grüner Kennstreifen:
Auf den Seiten 72 bis 77 stehen die Hasentiere: Hasen und Kaninchen.

Blauer Kennstreifen:
Auf den Seiten 78 bis 101 finden Sie die der Nagetiere: Hörnchen, Wühler, Biber, Biberratten, Bilche, Echte Mäuse und Hüpfmäuse.

Gelber Kennstreifen:
Auf den Seiten 102 bis 123 finden Sie die verschiedenen Raubtiere: Marder, Bären, Hunde, Katzen und Schleichkatzen.

Brauner Kennstreifen:
Auf den Seiten 124 bis 143 sind die Huftiere, die Paarhufer (Schweine, Hirsche, Hornträger) und die Unpaarhufer (Pferde) zusammengefaßt.

Die Auswahl der Arten

In diesem GU Naturführer finden Sie nahezu alle wildlebenden Säugetiere Europas. Der Schwerpunkt der Auswahl liegt dabei auf den Tieren Mitteleuropas und der angrenzenden Gebiete. Besonderes Augenmerk ist auf diejenigen Tiere gerichtet, die sich als sogenannte Kulturfolger gern in der Nähe des Menschen bzw. menschlicher Siedlungen aufhalten und sich daher häufig im Garten, bisweilen sogar im Haus, beobachten lassen.
Unberücksichtigt blieben die Meeressäugetiere, die an den europäischen Küsten vorkommen (Robben und Wale), sowie einige extrem seltene oder nur in sehr begrenzten Gebieten lebende Arten, wie zum Beispiel Berberaffe und Stachelschwein.
Auch Säugetiere, die in Europa bereits ausgestorben sind, kommen hier nicht vor. Eine Ausnahme bilden Wisent und Urwildpferd, die zwar in freier Natur ausgerottet wurden, aber in Zoologischen Gärten vor dem endgültigen Aussterben bewahrt werden konnten.
Andererseits wurden hier auch solche Tierarten als »europäische« Wildtiere aufgenommen, die der Mensch in geschichtlicher Zeit nach Europa gebracht hat und die inzwischen hier heimisch geworden sind (Bisamratte, Waschbär, Damhirsch). Die Haus- und Nutztiere des Menschen kommen in diesem Buch nicht vor.

Die Abbildungen

Alle Farbfotos sind in der freien Natur aufgenommen. Daher ist bisweilen nicht jedes Merkmal eines Tieres so deutlich zu erkennen wie etwa auf einer Zeichnung. Bei der Auswahl der Fotos wurde mehr Wert darauf gelegt, die Tiere bei charakteristischen Verhaltensweisen oder in typischer Körperhaltung zu zeigen. Nicht

Erläuterungen zum Bestimmungsteil

zuletzt sind Säugetiere Individuen, die sich – ebenso wie wir Menschen – in ihrem Aussehen oft beträchtlich voneinander unterscheiden, auch wenn sie derselben Art angehören.

Die Steckbriefe

Innerhalb der Farbgruppen sind die Tierarten gemäß ihrer Zugehörigkeit zu verschiedenen systematischen Gruppierungen (Unterordnung, Familie, Gattung) geordnet. In vielen Fällen ist den eigentlichen Steckbriefen ein Text vorangestellt, der gemeinsame Merkmale der betreffenden Tierfamilie beschreibt. Dann sollten Sie natürlich neben dem Steckbrief einer bestimmten Art auch die Kurzcharakteristik der jeweiligen Familie lesen.

Die Beschreibungstexte der einzelnen Arten enthalten alle wichtigen Angaben, die ein rasches Erkennen und Bestimmen ermöglichen.

Tiernamen: Angegeben ist jeweils der gebräuchliche deutsche sowie der wissenschaftliche (lateinische) Name. Im Farbbalken oben finden Sie den deutschen Namen der Tierfamilie, zu der die betreffenden Art gehört.

Jeder Steckbrief enthält die folgenden Angaben:

Aussehen: Die Größe des Tiers ist als sogenannte »Kopf-Rumpf-Länge« angegeben, das heißt ohne Schwanz gemessen. Die Maße anderer Körperteile sind nur aufgeführt, wenn sie ungewöhnlich oder zum Bestimmen der Art notwendig sind (zum Beispiel die Schulterhöhe bei großen Huftieren, Flügelspannweiten bei Fledermäusen oder die Schwanzlänge bei mäuseartigen Nagetieren). Außerdem sind die Färbung des Fells, markante Fellzeichnungen sowie charakteristische Besonderheiten im Körperbau beschrieben.

Vorkommen: Angegeben sind die Länder oder Regionen Europas, in denen die Art vokommt, nicht jedoch zusätzliche außereuropäische Verbreitungsgebiete. Auch Typ und Struktur der Landschaft, in der die Art vorzugsweise vorkommt, sind aufgeführt.

Lebensweise: Unter diesem Begriff ist knapp zusammengefaßt, zu welcher Tageszeit das Tier aktiv ist, ob es allein oder in Gruppen lebt, wie es sich fortbewegt, wo und wie es seine Behausung anlegt und auf welche Weise es den Winter verbringt.

Nahrung: Dieses Stichwort gibt an, wovon sich das beschriebene Tier hauptsächlich ernährt.

Fortpflanzung: Zuerst ist jeweils die Paarungszeit angegeben, wobei die römischen Ziffern für die Monate im Jahr stehen. Es folgen die Tragzeit sowie Anzahl und Entwicklung der Jungen bis zu deren Selbständigkeit.

Besonderes: Hier finden Sie besonders interessante und wissenswerte Einzelheiten über die vorgestellte Tierart etwas ausführlicher dargestellt.

Weitere Arten: Hier werden ähnliche Arten und zugleich deren sichere Unterscheidungsmerkmale benannt oder nahe verwandte Arten, die sonst nicht weiter aufgeführt sind.

Die Silhouetten

In Ergänzung zum Farbstreifen finden Sie die folgenden Silhouetten:

Insektenfresser

Fledermäuse

Nagetiere

Hasentiere

Raubtiere

Huftiere

Kennfarbe Rot

Insekten-fresser

Die Insektenfresser gehören zu den urtümlichsten Säugetieren, die heute noch die Welt bevölkern. Es gab sie schon vor mehr als 100 Millionen Jahren, als noch die Saurier die Erde beherrschten.
Insektenfresser sind kleine, überwiegend nachtaktive Tiere, die als gefräßige Jäger Insekten und deren Larven, Spinnen, Asseln, Tausendfüßer, Würmer und andere Kleintiere erbeuten. Mit ihren spitzen Zähnen können sie auch harte Käferpanzer knacken.
Zu den Insektenfressern zählen Igel, Spitzmäuse und Maulwürfe. »Unseren« Europäischen Igel, den Maulwurf und einige Spitzmaus-Arten kann man auch in vielen Gärten antreffen.

Die Hausspitzmaus ist ein eifriger und gefräßiger Jäger. Wie alle Spitzmäuse braucht sie täglich etwa soviel Nahrung, wie ihr eigenes Körpergewicht ausmacht.

Igel

Europäischer Igel

Europäischer Igel

Erinaceus europaeus

Aussehen: 22–30 cm groß. Oberseite mit braunweiß gebänderten Stacheln bedeckt, Kopf und Unterseite rauh behaart. Schwanz 2–5 cm lang, unter dem Stachelrock verborgen.

Vorkommen: Ganz Europa außer Nordskandinavien und Island. Bevorzugt an gebüschreichen Waldrändern, in Parks und Gärten, im Gebirge bis in 2000 m Höhe.

Lebensweise: Dämmerungs- und nachtaktiv, Jungtiere auch tagaktiv; Einzelgänger; klettert erstaunlich gut; Tagesversteck in dichtem Gestrüpp oder unter Stein- oder Reisighaufen, auch in Gärten; Nestmulde mit Gras und Laub gepolstert. Hält in gemäßigten Breiten von etwa Oktober bis April Winterschlaf.

Nahrung: Insekten, Regenwürmer, Schnecken, auch junge Mäuse, Frösche, gelegentlich Schlangen, Baumfrüchte, Beeren, im Herbst auch Fallobst.

Fortpflanzung: Paarungszeit IV–VIII; Tragzeit 5–6 Wochen, 1–2 Würfe im Jahr mit je 4–7 blind und taub geborenen Jungen (Nesthocker); bei der Geburt kurze, weiße Säuglingsstacheln in der aufgequollenen Rückenhaut eingebettet; werden 3–4 Wochen gesäugt und sind mit 6 Wochen selbständig. Das Männchen beteiligt sich nicht an der Aufzucht.

Besonderes: Die Stacheln des Igels sind umgebildete Rückenhaare. Ein ausgewachsener Igel hat etwa 4000–8000 davon. Sie liegen normalerweise dem Körper locker nach hinten

Europäischer Igel, besonders dunkles Exemplar

gerichtet an. Erschrickt der Igel, spreizt er sie mit Hilfe einer kräftigen Muskelschicht, die den ganzen Rücken wie ein Schildkrötenpanzer bedeckt. Wenn sich diese Muskeln bei Gefahr sowie im Winterschlaf zusammenziehen, wird die Rückenhaut gespannt und die Stacheln richten sich auf. Zugleich werden Kopf und Beine tief unter diese Muskelhaube gezogen, das ganze Tier bildet eine rundum stachelige Kugel, die einem Feind keine Möglichkeit mehr zum Angriff bietet.

Der Europäische Igel kommt in zwei deutlich unterscheidbaren Formen vor: der **West**- oder **Braunbrustigel** (*Erinaceus europaeus europaeus*) in Westeuropa und der **Ostigel** (*Erinaceus europaeus roumanicus*), der einen weißen Brustfleck trägt und daher auch **Weißbrustigel** genannt wird, in Ost- und Südosteuropa. Darüber hinaus variiert der Igel je nach Region beträchtlich in Körpergröße und Farbe. Zum Beispiel sind die meisten irischen Igel ganz dunkelbraun, während die Igel im südlichen Spanien ein besonders helles Fell und Stachelkleid haben.

Weitere Art: An der Ostküste Spaniens, in Südfrankreich und auf den Balearen kommt neben dem Europäischen vereinzelt auch der **Algerische** oder **Wanderigel** (*Erinaceus algirus*) vor. Er ist etwas kleiner als der Europäische Igel, kommt aber hochbeiniger daher. In seinen Kopfstacheln trägt er einen Mittelscheitel.

Spitzmäuse

Zwergspitzmaus

Die Spitzmäuse

Spitzmäuse werden oft für Mäuse gehalten, mit denen sie aber ebensowenig verwandt sind wie Seeigel mit Igeln. Vor allem das Gebiß verdeutlicht den Unterschied: Während Mäuse als Nagetiere lange, meißelförmige Nagezähne haben, mit denen sie harte Körner und Feldfrüchte raspeln, tragen die Spitzmäuse Reihen kräftiger, nadelspitzer Zähne in ihrem Mäulchen, eigentlich ein richtiges Raubtiergebiß, nur eben winzig klein. Nach der Farbe der Zahnspitzen teilt man die Spitzmäuse in Rotzahn- und Weißzahnspitzmäuse ein.
Spitzmäuse sind sowohl tagsüber als auch nachts aktiv. Sie halten auch keinen Winterschlaf, sondern sind im Winter unter der Schneedecke auf Nahrungssuche.
Die Feinde der Spitzmäuse sind hauptsächlich Greifvögel und Eulen. Andere Raubtiere beißen sie zwar gelegentlich tot, lassen sie dann aber meist ungefressen liegen. Spitzmäuse haben nämlich Hautdrüsen, deren Sekret stark nach Moschus riecht und offenbar sehr unangenehm schmeckt.

Zwergspitzmaus

Sorex minutus
Aussehen: 4,5–6,5 cm groß. Schwanz 3–4,5 cm. Ähnelt der Waldspitzmaus, nur kleiner. Zahnspitzen kräftig dunkelrot.
Vorkommen: Ganz Europa außer dem westlichen Mittelmeerraum und Island. Waldränder, Hekken, feuchte Grasflächen, Gärten, Parks, im Winter auch in Gebäuden.

Waldspitzmaus

Lebensweise: Einzelgänger; Nahrungssuche meist oberirdisch, selten in Mäusegängen; gräbt nicht selbst.
Nahrung: Käfer und andere Insekten, Spinnen, Würmer, Schnecken, auch Pflanzensamen.
Fortpflanzung: Paarungszeit IV–VIII; Tragzeit 19 Tage; 1–2 Würfe im Jahr mit je 4–8 Jungen.

Waldspitzmaus

Sorex araneus
Aussehen: 6–8,5 cm groß. Schwanz 3–5 cm. Oberseite schwarzbraun, Flanken rötlichbraun, unterseits gelblich- bis silbergrau. Ohren kaum aus dem Fell ragend. Zahnspitzen dunkelrot.
Vorkommen: Ganz Europa außer Iberische Halbinsel, Mittelmeerinseln, Irland und Island. In feuchtem, sumpfigem Gelände, Wald, Gärten, Parkanlagen, im Winter auch häufig in Gebäuden.
Lebensweise: Einzelgänger; Nahrungssuche in Laub- und oberster Bodenschicht; Nest in selbstgegrabenen Bauen oder in Mäusegängen.
Nahrung: Insekten, Spinnen, Schnecken, Würmer, nestjunge Mäuse, Aas.
Fortpflanzung: Paarungszeit IV–XI; Tragzeit 19–21 Tage; 2–4 Würfe im Jahr mit je 5–9 blind und nackt geborenen Jungen, die 3 Wochen gesäugt werden und dann selbständig sind.
Weitere Art: In den Gebirgen Mittel- und Südeuropas lebt die **Alpenspitzmaus** (*Sorex alpinus*). An ihrem dunkelgrauen Fell und den weißen Füßen ist sie leicht zu erkennen. Sie überwintert gern in Almhütten.

Feldspitzmaus mit neugeborenen Jungen

Feldspitzmaus
Crocidura leucodon
Aussehen: 6,5–8,5 cm groß. Schwanz 3–4 cm. Oberseite dunkel graubraun, scharfe Farbgrenze zur weißlichen Unterseite. Ohrmuscheln groß, häutig, ragen deutlich aus dem Pelz heraus. Schwanz mit langen Wimperhaaren. Zähne reinweiß.
Vorkommen: Mittel- und Südosteuropa. Trockene, sonnige Wiesen, Waldränder, Gärten, Feldraine, nur selten in Gebäuden.
Lebensweise: Einzelgänger, aber gegenüber Artgenossen verträglicher als die anderen Spitzmausarten. Nest in der Grasdecke oder unterirdisch in selbstgegrabenen oder Mäusegängen.
Nahrung: Insekten, Würmer, Schnecken, kleine Wirbeltiere, Aas, gelegentlich auch Obst.
Fortpflanzung: Paarungszeit IV–IX; Tragzeit 31 Tage; 2–4 Würfe im Jahr mit je 3–9 nackt und blind geborenen Jungen (Geburtsgewicht etwa 1 Gramm!), die 26 Tage gesäugt werden und mit 40 Tagen selbständig und gleichzeitig geschlechtsreif sind.
Besonderes: Verrät sich häufig durch feines Zirpen und Zwitschern, mit dem sie verschiedene Drohrufe, Lock-, Brunst- und Begrüßungslaute hören läßt. Männchen verströmt während Paarungszeit einen kräftigen Moschusgeruch.

Hausspitzmaus
Crocidura russula
Aussehen: 6,5–9,5 cm groß. Schwanz 3,5–5 cm. Oberseite grau- bis rötlichbraun, fließender Farbübergang zum etwas helleren Bauch. Ohrmuscheln

Spitzmäuse

Gartenspitzmaus

Hausspitzmaus

Bei der Feldspitzmaus, Garten- und Hausspitzmaus werden die Jungen auf ihren ersten Ausflügen aus dem Nest von der Mutter häufig in einer »Karawane« geführt: Das erste Junge verbeißt sich im Fell am Hinterteil der Mutter, die übrigen Geschwister halten sich dann in derselben Weise eines am anderen fest.

Etrusker-Spitzmaus

groß, deutlich zu sehen. Zähne weiß.
Vorkommen: Mittel- und Südeuropa. Trockene, sonnige Gebiete, Wiesen, Gärten, Parks, ganzjährig gern in Gebäuden.
Lebensweise: In der Regel Einzelgänger; klettert nicht; gräbt selbst oder benutzt Gänge von Mäusen oder Maulwürfen.
Nahrung: Insekten und deren Larven, Spinnen, Asseln, Schnecken, Würmer, nestjunge Mäuse, Aas.
Fortpflanzung: Paarungszeit III–IX; Tragzeit 31 Tage; 2–4 Würfe im Jahr mit je 3–9 Jungen. Deren Entwicklung wie bei der Feldspitzmaus.
Weitere Art: Sehr ähnlich, nur kleiner, ist die **Gartenspitzmaus** (*Crocidura suaveolens*). Sie ist sehr wärmebedürftig und kommt daher hauptsächlich im Mittelmeerraum vor. Nördlich der Alpen ist sie selten, wurde aber schon bis etwa zur Breite von Berlin gefunden.

Etrusker-Spitzmaus

Suncus etruscus
Aussehen: 3,5–4,5 cm klein. Schwanz 2,4–2,8 cm. Fell einheitlich grau. Ohrmuscheln häutig, auffallend groß.
Vorkommen: Südeuropa. Dichtbewachsenes, feuchtes Gelände, Wald, Gärten, Kulturland, häufig an Bachufern.
Lebensweise: Überwiegend nachtaktiv; klettert geschickt.
Nahrung: Hauptsächlich Spinnen und Kleininsekten.
Fortpflanzung: Tragzeit um 28 Tage; 2–4 Würfe im Jahr mit je 2–5 Jungen.
Besonderes: Kleinstes Säugetier Europas!

Wasserspitzmaus nach Nahrung tauchend

Wasserspitzmaus
Neomys fodiens
Aussehen: 7–9,5 cm groß. Schwanz 5–7 cm. Fell oberseits dunkelgrau bis schwarz, bauchseits in der Regel silbergrau bis weiß mit scharfer Farbgrenze, manchmal auch schwarz. Zahnspitzen weinrot.
Vorkommen: Ganz Europa außer Irland, Island und Teilen des Mittelmeergebiets; im Gebirge bis in 2500 m Höhe. An klaren fließenden und stehenden Gewässern mit dichtem Uferbewuchs.
Lebensweise: Schwimmt und taucht ausgezeichnet; stöbert am Gewässergrund nach Kleintieren, jagt aber auch an Land. Bewohnt selbstgegrabene Uferbaue in steilen Böschungen, polstert ihr Nest dick mit Pflanzenteilen aus, legt Nahrungsvorräte an.
Nahrung: Wasserinsekten, Schnecken, Würmer, Krebse, Frösche, Molche, kleine Fische.
Fortpflanzung: Paarungszeit IV–IX; Tragzeit 24–27 Tage; 2–3 Würfe im Jahr mit je 4–8 Jungen.
Besonderes: Beim Untertauchen bleiben im Pelz Millionen kleiner Luftbläschen hängen, die dem Tier ein silbriges Aussehen verleihen. Diese Luftschicht wirkt wärmeisolierend.
Die Wasserspitzmaus vergreift sich auch an Beutetieren, deren Gewicht das ihre bis um das 60fache übertrifft. Ihr Biß ist für Kleintiere giftig. Der Speichel enthält ein Gift, das ausreicht, Frösche oder kleine Fische zu lähmen.
Weitere Art: Die in Gebirgsgegenden Mittel- und Südeuropas vorkommende **Sumpfspitzmaus** (*Neomys*

Europäischer Maulwurf aus der Erde kommend

anomalus) sieht der Wasserspitzmaus sehr ähnlich.

Europäischer Maulwurf

Talpa europaea
Aussehen: 12–15 cm groß. Schwanz 2–4 cm. Fell dunkelgrau bis schwarz; Augen winzig, Ohrmuscheln fehlen.
Vorkommen: Ganz Europa außer Irland, Island und Nordskandinavien. Lockere Böden, Wiesen, Felder, Gärten, Laubwälder; meidet sandigen, felsigen oder moorigen Untergrund.
Lebensweise: Fast ausschließlich unterirdisch; gräbt Gangsysteme mit Schlaf-, Nest- und Vorratskammern; strikter Einzelgänger. Nur in der Paarungszeit dringen die Männchen auf der Suche nach Weibchen in fremde Baue ein.
Nahrung: Hauptsächlich Regenwürmer, auch Insekten, Insektenlarven.
Fortpflanzung: Paarungszeit III–V; Tragzeit 30 Tage; 1–2 Würfe im Jahr mit je 3–6 nackten, blinden Jungen, die mit zwei Monaten selbständig werden.
Besonderes: Mit seinem walzenförmigen Körperbau ist der Maulwurf perfekt an ein Leben »unter Tage« angepaßt. Die Vorderbeine sind zu Grabschaufeln umgebildet. Das kurze, dichte Fell hat keinen »Strich«, so daß er sich in den engen Erdröhren ebensogut vorwärts wie rückwärts bewegen kann. Die Augen sind winzig klein und tief im Fell verborgen .
Weitere Art: Der etwas kleinere **Blindmaulwurf** (*Talpa caeca*) lebt in den Mittelmeerländern.

Kennfarbe Schwarz

Fledermäuse

Fledermäuse sind die einzigen Säugetiere, die wie Vögel aktiv fliegen können. Ihr ganzer Körper ist dem Fliegen angepaßt. Fledermausflügel sind jedoch völlig anders als Vogelflügel gebaut. Die Tragflächen werden von einer dünnen, durchscheinenden Flughaut gebildet, die zwischen den enorm verlängerten Hand- und Fingerknochen ausgespannt ist. Auch die Beine und der Schwanz sind in die Flughaut mit einbezogen.
Unsere heimischen Fledermäuse ernähren sich überwiegend von Insekten, die sie im Flug erbeuten.
Zur Orientierung in der Dunkelheit haben Fledermäuse ein ungemein präzises Echoortungssystem entwickelt. Fledermäuse sind nachtaktiv und ziehen sich tagsüber in Fels- und Baumhöhlen oder in Dachstühle zurück.
Da ihnen zunehmend die natürlichen Schlafplätze verlorengehen, kann man mit selbstgebauten oder gekauften Kästen einen Ersatzschlafplatz anbieten.

Die Bechsteinfledermaus jagt gewöhnlich niedrig über dem Boden, aber auch über Wasserflächen nach Mücken und anderen Insekten.

Große Hufeisennase auf Beuteflug

Die Hufeisennasen
Vertreter dieser Fledermausfamilie erkennt man leicht an den auffälligen häutigen Auswüchsen, die sie auf der Nase tragen und die in ihrer Form an ein Hufeisen erinnern. Wie alle Fledermäuse orientieren sich die Hufeisennasen in der Dunkelheit mit Hilfe eines Echolotsystems: Sie stoßen in rascher Folge kurze Rufe im Ultraschallbereich aus und registrieren mit ihrem überaus empfindlichen Gehör deren Echo, das von Hindernissen oder auch von Beutetieren zurückgeworfen wird. Die Hufeisennasen stoßen ihre Peillaute durch die Nase aus, und die beweglichen Hautlappen des »Hufeisens« bündeln und richten den Schall. So kann die Fledermaus mit ihren Ortungsrufen die Umgebung ähnlich wie mit einem Scheinwerferstrahl »abtasten«. Ihre Peillaute liegen übrigens weit über der Wahrnehmungsgrenze des menschlichen Ohres, so daß wir sie nur mit akustischen Meßinstrumenten aufzeichnen, aber nicht hören können. Darüber hinaus geben Fledermäuse aber vielfältige für uns hörbare Laute von sich. Vor allem bei Beunruhigung können sie, zum Teil verblüffend laut, keckern, quieken, kreischen, zetern, zirpen oder summen.

Große Hufeisennase
Rhinolophus ferrum-equinum
Aussehen: Körper 5–6,5 cm groß, Flügelspannweite 35–40 cm. Fell grau- bis rötlichbraun, auf der Unterseite weißlich. Ohren tütenförmig, spitz.

Hufeisennasen

Große Hufeisennase

Kleine Hufeisennase

In Ruhe und im Winterschlaf hängen Hufeisennasen, fast vollständig in ihre Flughäute eingehüllt, wie große Tropfen an der Decke. Sie hängen stets frei, ohne Körperkontakt zu den Nachbarn.

Vorkommen: Mittel- und Südeuropa. Offenes Gelände, Buschlandschaften, lichte Wälder.
Lebensweise: Flug eher langsam, schmetterlingshaft, meist $1/2$ – 4 m über dem Boden. Lebt gesellig; »Wochenstuben« der Weibchen (bis zu 200 Tiere) in großen Dachräumen, Kirchtürmen, Ruinen; Winterschlaf (IX–IV) in frostsicheren Felshöhlen, Bergwerken, Kellern.
Nahrung: Große Fluginsekten, überwiegend Nachtfalter.
Fortpflanzung: Paarungszeit Herbst bis Frühjahr; Geburt etwa Mitte Juni bis Juli; ein nackt und blind geborenes Junges (selten Zwillinge), das mit 3–4 Wochen flugfähig und mit 6–8 Wochen selbständig wird.

Kleine Hufeisennase

Rhinolophus hipposideros
Aussehen: Körper 3,5–4,5 cm groß, Flügelspannweite 20–25 cm. Der Großen Hufeisennase sehr ähnlich, nur viel kleiner.
Vorkommen: Mittel- und Südeuropa. Lichte Wälder, Parks.
Lebensweise: Der Jagdflug beginnt erst spät in der Nacht und endet vor dem Morgengrauen. Flug langsam, wirkt abgehackt und reißend, Flughöhe meist in 2–5 m. Lebt gesellig; Wochenstuben mit 10–100 Tieren, häufig auf großen Dachböden, oft gemeinsam mit anderen Fledermausarten; Winterschlaf (IX–V) in frostfreien Felshöhlen, Stollen, Kellern.
Nahrung: Kleine Fluginsekten.
Fortpflanzung: Ähnlich wie bei der Großen Hufeisennase.

Kolonie des Großen Mausohrs in einem Dachgebälk

Die Glattnasen

Wie ihr Name schon vermuten läßt, tragen Glattnasen keinen häutigen Nasenaufsatz auf der Schnauze wie die Hufeisennasen. Glattnasen stoßen die Ultraschallrufe für ihre Echoortung in der Regel nicht durch die Nase, sondern über das Maul aus. Glattnasen haben in den Ohrmuscheln sogenannte Ohrdeckel. Für einen Fledermaus-Spezialisten sind Größe und Form der Ohren und Ohrdeckel gute Merkmale zur Bestimmung der Arten.

Wie alle Fledermäuse sind auch die Glattnasen nachtaktiv. Tagsüber hängen sie kopfüber in geschützten Quartieren oder sitzen in engen Felsspalten oder Mauernischen. In unseren gemäßigten Breiten nützen besonders wärmeliebende Arten gerne menschliche Bauten wie Dachstühle, Scheunen oder Kirchtürme als Aufenthaltsorte und nehmen auch Fledermauskästen an.

Die Weibchen werden oft schon im Herbst, zum Teil auch im Winter begattet. Sie bewahren das Sperma des Männchens aber in ihren Geschlechtsgängen auf, ohne trächtig zu werden. Erst im Frühjahr findet die Befruchtung statt, so daß nach einer Tragzeit von 1–2 Monaten die Jungen einer Art alle etwa zur gleichen Zeit auf die Welt kommen. Dazu versammeln sich die Weibchen in gemeinsamen Sommerquartieren, in denen sie ihre Jungen gebären und großziehen. Man nennt solche Quartiere deshalb »Wochenstuben«.

Großes Mausohr

Großes Mausohr, Weibchen trägt ein Junges am Bauchfell

Großes Mausohr

Großes Mausohr

Myotis myotis

Aussehen: Körper 6,5–8 cm groß, Flügelspannweite bis 40 cm; größte heimische Fledermausart. Fell oberseits graubraun, bauchseits weißgrau; Flügel breit; Ohren breitoval.
Vorkommen: Süd- und Mitteleuropa, Ukraine, Kleinasien. Lichte Auwälder, Parks, strukturreiche bäuerliche Felder- und Wiesenlandschaften.
Lebensweise: Fliegt erst nach Einbruch der Dunkelheit und nur bei gutem Wetter aus; Flug langsam, geradlinig, meist in 5–8 m Höhe. Sommerquartiere (Wochenstuben) in großen, dunklen Dachstühlen oder auf Kirchtürmen, zum Teil bis zu 2000 Weibchen; Männchen in dieser Zeit gewöhnlich einzeln lebend, auch in Baumhöhlen oder Nistkästen. Wanderungen zu den Winterquartieren nicht selten über 100 km weit, überwintert in kleineren Gruppen eng zusammengedrängt in Felshöhlen.
Nahrung: Große Insekten, die im Flug gefangen (Nachtfalter) oder vom Boden aufgenommen werden (Laufkäfer, Grillen).
Fortpflanzung: Paarungszeit im Spätsommer und Herbst, auch noch im Winterquartier; Geburten ab Anfang Juni; ein nackt und blind geborenes Junges, das mit 20–25 Tagen flugfähig und mit etwa 40 Tagen selbständig ist.
Weitere Art: Das **Kleine Mausohr** (*Myotis blythi*) ähnelt seinem größeren Verwandten sehr. Es kommt vor allem in den Mittelmeerländern vor, nur vereinzelt auch in Mitteleuropa.

Wimperfledermaus

Wasserfledermaus

Zum Trinken fliegen Fledermäuse an Bäche, Teiche oder Regenpfützen. Aus der Luft stoßen sie mehrmals so dicht über die Wasseroberfläche herab, daß sie mit dem Maul ins Wasser eintauchen und einen Schluck herausschöpfen können (→ Seite 59).

Wimperfledermaus
Myotis emarginatus
Aussehen: Körper 4–5 cm groß, Flügelspannweite 22–24 cm. Fell oberseits gelblich- bis rotbraun, bauchseits gelblichgrau.
Vorkommen: Mittel- und Südeuropa. In Parks, Gärten, gern in Wassernähe.
Lebensweise: Fliegt schon in der frühen Dämmerung, jagt in 1–5 m Höhe, oft über Wasser, liest Beute auch von Ästen oder vom Boden auf.
Nahrung: Vorwiegend Spinnen, auch Mücken, Nachtfalter, Raupen.
Fortpflanzung: Paarungszeit ab Herbst; Geburt der Jungen Ende Juni bis Anfang Juli, ein Junges.

Wasserfledermaus
Myotis daubentoni
Aussehen: Körper 4–5,5 cm groß, Flügelspannweite 24–27 cm. Fell graubraun, bauchseits silbergrau; Füße auffallend groß.
Vorkommen: Ganz Europa außer Nordskandinavien und Island, in Südosteuropa selten. Bewaldete Gegenden mit größeren Wasserflächen, See- und Flußufer, auch Kulturland.
Lebensweise: Jagt auch schon in der Dämmerung; Flug schnell und wendig, mit sehr schnellen, schwirrenden Flügelschlägen, meist in rund zwei Meter Höhe, jagt auch häufig knapp über Wasserflächen. Sommerquartiere in Baumhöhlen oder Mauerrissen, in den Wochenstuben der Weibchen meist etwa 20–50 Tiere, Männchen unter sich, ebenfalls in kleinen Gruppen. Winterquartiere in Höhlen, Bergwerksstollen, Bunkern, tausende Tiere eng zusammengedrängt.

Trinkende Bartfledermaus

Nahrung: Vorwiegend Mücken, Schnaken, kleinere Nachtfalter.
Fortpflanzung: Paarungszeit von Herbst bis Frühjahr; Geburt der Jungen ab Mitte Juni; pro Jahr ein Junges, das mit 6–7 Wochen selbständig ist.

Kleine Bartfledermaus
Myotis mystacinus
Aussehen: Körper 3,5–5 cm groß, Flügelspannweite etwa 20 cm.
Fell ziemlich langhaarig, oberseits dunkel graubraun, bauchseits grau; Ohren und Flügel braunschwarz; beiderseits des Mauls Fellbüschel, die wie ein Backenbart wirken.
Vorkommen: Ganz Europa außer Schottland, Island und Nordskandinavien. Offenes Gelände mit einzelnen Gehölzgruppen, Dörfer, Gärten, Parks.
Lebensweise: Fliegt schon in der frühen Dämmerung auf Jagd aus, im Frühjahr und Herbst auch bisweilen tagsüber; Flug nicht allzu schnell, aber wendig und kurvenreich, meist in 2–6 Meter Höhe. Vorwiegend Einzelgänger, schläft im Sommer in Baumhöhlen oder außen an Gebäuden (hinter Fensterläden, in Mauerritzen oder Balkenfugen), nur Wochenstuben bisweilen mit 20–50 Weibchen; Winterquartier in Höhlen, großen Kellern oder Stollen, meist einzeln und frei hängend.
Nahrung: Kleine Insekten wie Mücken, Eintagsfliegen, kleine Nachtfalter.
Fortpflanzung: Paarungen ab Herbst, auch im Winterquartier bis zum Frühjahr; Geburten ab Mitte Juni, ein Junges, das mit etwa 3–4 Wochen flugfähig ist.

Bechsteinfledermaus beim Trinkanflug

Bechsteinfledermaus im Winterquartier

In den Höhlen, die Fledermäuse zum Überwintern aufsuchen, herrscht gewöhnlich eine hohe Luftfeuchtigkeit. Daher sind die Fledermäuse häufig mit dicken Kondenswassertropfen bedeckt.

Bechsteinfledermaus

Myotis bechsteini

Aussehen: Körper 4,5–5,5 cm groß, Flügelspannweite 25–30 cm. Oberseite gelblich- bis rötlichbraun, Unterseite hellgrau; Ohren auffallend lang.

Vorkommen: Mittleres und zum Teil südliches Europa, nur regional verbreitet. Feuchte Mischwälder, Parks mit hohen Bäumen.

Lebensweise: Fliegt erst spät am Abend, lange nach Einbruch der Dunkelheit auf Nahrungssuche, Flug langsam und gaukelnd, sehr geschickt zwischen Bäumen, liest Beutetiere auch von Zweigen ab; jagt gewöhnlich als Einzelgänger. Einzelquartiere im Sommer und Wochenstuben der Weibchen in Baumhöhlen, gelegentlich auch in Nistkästen; Winterquartier in Höhlen, Stollen, auch in Kellern; Winterschlaf X–III/IV.

Nahrung: Mücken, Nachtfalter, Raupen, Käfer.

Fortpflanzung: Paarungszeit von Herbst bis Frühjahr; Geburten etwa Ende Juni bis Anfang Juli in kleinen Wochenstuben (10–30 Weibchen); ein Junges, das mit 4–5 Wochen flugfähig wird.

Besonderes: Im Unterschied zu den Langohrfledermäusen (→ Seite 70/71) stoßen die großen Ohren an ihrer Basis nicht zusammen. Im Winterschlaf werden die Ohren nicht unter die Flügel geklemmt, sondern gerade ausgestreckt.

Weitere Art: Die recht ähnliche **Langfußfledermaus** (*Myotis capaccinii*) ist in den Mittelmeer- und Balkanländern verbreitet.

Zwergfledermaus

Zwergfledermaus
Pipistrellus pipistrellus
Aussehen: Körper 3,5–5 cm groß, Flügelspannweite etwa 20 cm. Fellfärbung sehr unterschiedlich, schwarz- bis gelblich- oder rostbraun, unterseits meist graubraun, Gesicht, Ohren und Flügel dunkelgrau.
Vorkommen: Ganz Europa außer Nordskandinavien, Nordrußland, Island. Offenes Gelände mit einzelnen Bäumen, lichte Wälder, Gärten, Parks, auch in Städten, im Gebirge bis zur Baumgrenze.
Lebensweise: Fliegt schon früh, zum Teil schon vor Sonnenuntergang auf Nahrungssuche aus; Flug schnell, mit vielen Wendungen, meist in 2–6 Metern Höhe. Sehr gesellig. Sommer- und Winterquartiere in engen Rinden- oder Felsspalten, häufig auch in Gebäuden; Winterquartiere meist in Höhlen, alten Bergwerksschächten, großen Kellern, bis zu 2000 Tiere; relativ unempfindlich gegen Kälte, wechselt gelegentlich auch mitten im Winter das Quartier, Winterschlafphasen nur 1–4 Wochen.
Nahrung: Kleine Fluginsekten wie Motten, Mücken, Schnaken.
Fortpflanzung: Paarungszeit VIII–IX; Geburten etwa Mitte Juni bis Anfang Juli in Wochenstuben mit bisweilen über 200 Weibchen; meist zwei Junge.
Besonderes: Die meisten Zwergfledermäuse sind ortstreu. Von einzelnen Tieren wurde jedoch durch Beringung nachgewiesen, daß sie zwischen Sommer- und Winterquartier über 500 km weit wanderten.

Abendsegler, Jungtiere

Abendsegler, Weibchen hält Junge unter ihren Flughäuten

Abendsegler, Weibchen mit Jungen

Junge Abendsegler warten am Hangplatz, bis die Mutter von ihrem nächtlichen Jagdflug zurückkehrt. Fledermausweibchen betreuen stets nur ihre eigenen Jungen, die sie an deren Stimme und am Geruch erkennen und auch aus einer großen Schar wartender Jungtiere sicher herausfinden.

Abendsegler

Nyctalus noctula

Aussehen: Körper 7–8 cm groß, Flügelspannweite 35–40 cm. Fell gelblich- bis rötlichbraun, unterseits etwas heller, Gesicht, Ohren und Flughäute schwarzbraun. Flügel lang und schmal.
Vorkommen: Ganz Europa außer Nordskandinavien, Island und Irland. Laub- und Mischwälder, Parks, Gärten, sogar mitten in der Stadt.
Lebensweise: Fliegt früh am Abend aus, Flug schnell und gewandt, meist hoch über den Baumwipfeln (bis 80 Meter!). Die Geschlechter im Sommer getrennt lebend, die Männchen einzeln oder in kleinen Gruppen, die Weibchen in Wochenstuben mit bis zu 100 Tieren; Sommerquartiere in Baumhöhlen oder Nistkästen; wandern im Herbst 500–1000 km weit zu Winterquartieren, legt dabei täglich 20–40 km zurück, fliegt dann auch tagsüber; Winterquartiere in hohlen Baumstämmen, Gebäuden, Felsspalten; Winterschlaf X–III.
Nahrung: Größere Fluginsekten, zum Beispiel Maikäfer, große Nachtfalter.
Fortpflanzung: Paarungszeit VIII–X, Geburten Mitte Juni bis Anfang Juli, meist zwei, selten drei Junge, die 4–6 Wochen gesäugt werden, dann selbständig sind.
Weitere Arten: Der **Kleine Abendsegler** (*Nyctalus leisleri*) ähnelt nicht nur äußerlich, sondern auch in der Lebensweise seinem größeren Verwandten sehr. Er fliegt aber gewöhnlich erst nach Sonnenuntergang aus. Die

Abendsegler

Kleiner Abendsegler

Mopsfledermaus

Sommerquartiere in Baumhöhlen oder Fledermauskästen teilt er sich nicht selten mit dem Großen Abendsegler.
Der vorwiegend in Südosteuropa sowie regional auch in Mittel- und Südeuropa beheimatete, recht seltene **Riesenabendsegler** (*Nyctalus lasiopterus*) ist die größte europäische Fledermausart.

Mopsfledermaus

Barbastella barbastellus
Aussehen: Körper 4,5–5,5 cm groß, Flügelspannweite 25–30 cm. Fell langhaarig, oberseits schwarzbraun, unterseits dunkelgrau. Flügel lang und schmal; Ohrmuscheln breit, auf der Stirnmitte verwachsen.
Vorkommen: Ganz Europa außer Nordskandinavien, Irland und Island. Bevorzugt bewaldete Gebirgsregionen, auch in menschlichen Siedlungen.
Lebensweise: Verläßt Tagesquartier schon in der frühen Dämmerung, Flug schnell und gewandt, jagt auf Höhe der Baumkronen. Sommerquartiere in Höhleneingängen, Mauernischen, oft hinter Fensterläden; in Wochenstuben selten mehr als 10–20 Weibchen; Winterquartiere in Höhlen, Bergwerksstollen oder Kellern, bisweilen über 1000 Tiere, frei an der Wand oder Decke hängend; Winterschlaf oft nur von XI/XII–III.
Nahrung: Kleine Insekten ohne harten Chitinpanzer (schwaches Gebiß!)
Fortpflanzung: Paarungen ab Herbst, auch im Winterquartier; Geburten ab Mitte Juni; in der Regel zwei Junge.

Braunes Langohr, schlafend

Braunes Langohr

Schlafende Langohrfledermäuse klappen ihre riesigen Ohren nach hinten um und stecken sie unter ihre gefalteten Flügel. Nur die Ohrdeckel stehen dann noch nach vorne und täuschen kleinere Ohren vor (→ Bild links).

Braunes Langohr

Plecotus auritus

Aussehen: Körper 4–5 cm groß, Flügelspannweite etwa 25 cm. Fell oberseits braun, unterseits hellgrau. Ohren enorm groß, stoßen in der Stirnmitte zusammen; Flügel breit.

Vorkommen: Ganz Europa außer Nordskandinavien, Island und den Mittelmeerinseln. Offene Wald– und Buschlandschaften, Parks, Gärten.

Lebensweise: Fliegt in der späten Dämmerung oder erst bei Dunkelheit auf Nahrungssuche aus; Flug langsam und gaukelnd, meist niedrig, kann in der Luft rüttelnd stehenbleiben; wenig gesellig; Sommerquartiere in Baumhöhlen, Nistkästen, in und außen an Gebäuden; Wochenstuben mit 10–20 Tieren, darunter auch Männchen; Winterschlaf (X–IV) meist einzeln in Höhlen oder Kellern.

Nahrung: Nachtschmetterlinge, Käfer, Raupen, Spinnen; liest Beutetiere auch von Zweigen und Blättern ab.

Fortpflanzung: Paarungszeit im Herbst; Geburten ab Mitte Juni; ein Junges (selten zwei).

Besonderes: Größere erbeutete Insekten werden zumeist an bestimmten Fraßplätzen gefressen, die an den zahlreichen darunterliegenden Flügelresten zu erkennen sind.

Weitere Art: Erst 1960 hat man entdeckt, daß in Mitteleuropa außer dem Braunen auch das etwas größere **Graue Langohr** (*Plecotus austriacus*) lebt. Es meidet größere Waldgebiete und kommt eher in Kulturlandschaften vor.

Zweifarbfledermaus

Breitflügelfledermaus

Die Breitflügelfledermaus quartiert sich im Sommer gern auf Dachböden ein. Während die Männchen im Sommer einzelgängerisch leben, bilden die Weibchen Wochenstuben-Kolonien aus bis zu 50 Tieren. Als Winterquartiere dienen Höhlen, Bergwerksstollen oder auch Keller.

Zweifarbfledermaus

Vespertilio murinus

Aussehen: Körper 5,5–6,5 cm groß, Flügelspannweite 25–30 cm. Fell oberseits schwarz mit silbergrauen Haarspitzen, unterseits weißlich. Flügel schmal.
Vorkommen: Mittel- und Osteuropa, nach Norden bis Südskandinavien. Bergwälder, Steppenregionen, gegliederte Kulturlandschaften, Dörfer, Städte.
Lebensweise: Verläßt Quartier erst in der späten Dämmerung, jagt die ganze Nacht hindurch; Flug in 10–20 m Höhe, geradlinig, rasant. Sommerquartiere in Felsspalten, hinter Fensterläden, im Gebälk, in Mauerrissen, seltener in Baumhöhlen; Weibchen zur Jungenaufzucht in kleinen Gruppen, bisweilen auch allein; Männchen in dieser Zeit in Gruppen bis über 200 Tiere; Winterschlaf (X–III) in Felsspalten, Höhlen, Kellern.
Nahrung: Große Insekten wie Käfer und Nachtfalter.
Fortpflanzung: Ähnlich wie bei der Breitflügelfledermaus, aber meist zwei, selten auch drei Junge.

Breitflügelfledermaus

Eptesicus serotinus

Aussehen: Körper 6–8 cm groß, Flügelspannweite rund 35 cm. Fell oberseits dunkel-, unterseits gelblichbraun.
Vorkommen: Mittel- und Südeuropa. Offenes Gelände mit Baumgruppen, häufig in Siedlungsnähe.
Lebensweise: Fliegt erst nach Einbruch der Dunkelheit aus.
Nahrung: Große Insekten.
Fortpflanzung: Paarungszeit August bis Frühjahr; Geburten ab 2. Junihälfte, meist nur ein Junges.

Kennfarbe Grün

Hasentiere

Die Meinung, Hasen und ihre Verwandten seien Nagetiere, ist zwar weitverbreitet, aber falsch. Man hat viele urzeitliche Versteinerungen gefunden, die zeigen, daß sich die beiden Säugetierordnungen in der Stammesgeschichte der Tiere gänzlich unabhängig voneinander entwickelt haben. Die für beide Tiergruppen typischen Nagezähne sind kein Zeichen von Verwandtschaft, sondern vielmehr eine Anpassung an die gleiche Art der Nahrungsaufnahme, dem Raspeln harter Pflanzenteile. Hasentiere sind in zwei Familien, den Hasenartigen (Hasen und Kaninchen) und den Pfeifhasen weltweit verbreitet. Zu den bekanntesten Hasentieren zählen der Europäische Feldhase, der Schneehase und das Wildkaninchen.

Wenn eine Gruppe von Feldhasen in solch rasantem Tempo über die Äcker rennt, sind es meist mehrere Männchen, die hinter einem paarungsbereiten Weibchen herjagen.

Hasen und Kaninchen

Feldhase, säugendes Weibchen

Hasen und Kaninchen

Alle Mitglieder der Familie der Hasenartigen haben ungleiche Gliedmaßen (ihre Hinterbeine sind länger als die Vorderbeine), eine typische »Hasenscharte« in der Oberlippe und von einer Fellfalte bedeckte, schlitzförmige Nasenlöcher. Diese Hautfalte wird beim Schnuppern rhythmisch vor- und zurückgezogen. Die Familie gliedert sich in zwei Gruppen, die Hasen und die Kaninchen. Ihre Vorderpfoten benutzen die Hasen und Kaninchen zwar zum Schlagen im Kampf gegen Rivalen oder Feinde, nicht aber zum Festhalten der Nahrung, wie es viele Nagetiere tun.
Um ihre pflanzliche Kost optimal ausnützen zu können, haben Hasen und Kaninchen einen speziellen Verdauungsmechanismus entwickelt: In ihrem großen Blinddarm leben Bakterien, die für die Magensäfte unverdauliche Pflanzenstoffe aufschließen und in Bakterieneiweiß umsetzen. Die Hasen setzen von Zeit zu Zeit den Inhalt ihres Blinddarms gesondert ab und fressen ihn sogleich auf. Bei der nun folgenden zweiten Passage durch den Verdauungstrakt kann die Nahrung optimal verwertet werden. Diese doppelte Verdauung eines Teils der Nahrung ähnelt dem Wiederkäuen vieler Huftiere.

Feldhase

Lepus europaeus
Aussehen: 40–70 cm groß. Fell gelblichbraun mit grauer Melierung, Bauch und Schwanzunterseite weiß; Ohren enorm lang, mit schwarzen Spitzen.

Hasen und Kaninchen

Feldhasen, Männchen und Weibchen beim Paarungsvorspiel

Vorkommen: Ganz Europa außer Island und Nordskandinavien. Ursprünglich in Steppengebieten, heute in waldarmer Kultursteppe (Kulturfolger!), auch in Sumpflandschaften, im Gebirge bis 3000 m Höhe.
Lebensweise: Dämmerungs- und nachtaktiv; läuft meist mit großen Sprüngen, flüchtet bei Verfolgung hakenschlagend; Einzelgänger. Lager in Bodenmulden ohne Auspolsterung; Streifgebiet mit einigen Lagern, Kotplätzen, Freß- und Sonnenbadeplätzen sowie festen Laufwegen in mehreren Kilometern Umkreis um das Hauptlager. In der Brunftzeit heftige Kämpfe der Männchen um einzelne Weibchen; recht rabiates Paarungsvorspiel mit Verfolgungsjagden und Raufereien.
Nahrung: Ausschließlich Pflanzen (Gräser, Kräuter, Zweige, Beeren, Baumfrüchte, Getreidesaat, Feldfrüchte).
Fortpflanzung: Paarungszeit (in Mitteleuropa) I–VIII; Tragzeit 42 Tage; Weibchen baut kein Nest, sucht zur Geburt nur einen trockenen, windgeschützten Platz auf; 3–4 Würfe im Jahr mit je 2–5 Jungen, die vollbehaart und sehend geboren werden und nach wenigen Stunden laufen können (Nestflüchter); werden drei Wochen gesäugt, sind mit vier Wochen selbständig.
Besonderes: Die Augen des Hasen liegen so weit seitlich am Kopf, daß sich ihre Blickfelder vorn und hinten überschneiden, so daß der Hase tatsächlich einen Rundum-Blick hat, ohne den Kopf drehen zu müssen.

Hasen und Kaninchen

Schneehase im Winterfell

Schneehase beim Umfärben

Der Zeitpunkt des Umfärbens vom braunen Sommer- zum weißen Winterkleid wird von der Umgebungstemperatur bestimmt. Im höchsten Norden sind die Schneehasen ganzjährig weiß, in Irland mit seinen milden Wintern bleiben sie dagegen das ganze Jahr über braun.

Schneehase

Lepus timidus

Aussehen: 50–65 cm groß. Fell im Sommer braun bis graubraun mit weißem Bauch und Schwanz, im Winter zumeist reinweiß; Ohren und Schwanz kürzer als beim Feldhasen, Ohrspitzen stets schwarz gerandet.

Vorkommen: Nordosteuropa, Skandinavien, Schottland, Irland, Island; eigene Unterart in den Alpen. Laub-, Misch- und Nadelwälder, Moore, Hügellandschaften bis Hochgebirge.

Lebensweise: Überwiegend dämmerungs- und nachtaktiv; lebt einzeln oder in kleinen Trupps. Lager zwischen Felsen, Wurzeln oder Zwergsträuchern; Kulturflüchter; sonst wie Feldhase.

Nahrung: Reiner Pflanzenfresser wie der Feldhase, auch Flechten, Moose, Rinde, Heidekraut.

Fortpflanzung: Paarungszeit II–VIII; Tragzeit 42 Tage; 2–3 Würfe im Jahr mit je 2–5 Jungen, die vollbehaart und sehend geboren werden und nach wenigen Stunden laufen können (Nestflüchter); Jungenentwicklung wie beim Feldhasen.

Besonderes: Während der letzten Eiszeit bewohnten die Schneehasen die tundrenartige, eisfreie Zone Mitteleuropas. Als das Gletschereis zurückwich, folgten sie ihm sowohl nach Norden bis Skandinavien und auf die Nordatlantikinseln als auch nach Süden in die Alpen. So entstanden die beiden heutigen Rassen, der Nördliche und der Alpen-Schneehase.

Hasen und Kaninchen

Wildkaninchen am Baueingang

Wildkaninchen

Oryctolagus cuniculus

Aussehen: 35–45 cm groß. Fell sandfarben bis dunkelgraubraun, Bauch und Schwanzunterseite weiß; Ohren viel kürzer als beim Feldhasen, ohne deutliche schwarze Spitzen.

Vorkommen: West-, Mittel- und Südeuropa (ohne Balkanhalbinsel). Trockenwarme Gebiete mit sandigem Boden und niedrigem Bewuchs, Heideflächen, Viehweiden, Parks, Gärten, im Bergland bis 600 m Höhe.

Lebensweise: Überwiegend dämmerungs- und nachtaktiv; läuft hoppelnd oder in weiten Sprüngen, flüchtet hakenschlagend; lebt in Kolonien aus mehreren Großfamilien; bewohnt selbstgegrabene Baue.

Nahrung: Gräser, Kräuter, Rinde, Wurzeln, Knollen, Feldfrüchte. Reiner Pflanzenfresser!

Fortpflanzung: Paarungszeit II/III–VII, in Südeuropa ganzjährig; Tragzeit vier Wochen; 4–6 Würfe im Jahr mit meist 4–7 nackt und blind geborenen Jungen (Nesthocker), die vier Wochen gesäugt werden, dann selbständig sind.

Besonderes: In einer Kaninchensippe herrscht eine strenge Hierarchie. Die Familienmitglieder legen die Rangordnung unter sich in ritualisierten Kämpfen fest, bei denen niemand ernsthaft verletzt wird. Verteidigen sie dagegen das Familienterritorium gegen einen eindringenden gruppenfremden Artgenossen, kratzen und beißen sie ohne Regeln und Hemmungen, so daß die Kämpfer oft schwere Wunden davontragen.

Kennfarbe Blau

Nagetiere

Die Nagetiere sind weltweit die größte Tiergruppe unter den Säugetieren. Mehr als 1700 verschiedene Arten gehören dieser Ordnung an und viele davon sind außerordentlich fruchtbar, so daß die Zahl der Individuen die aller anderen Säugetiere übertrifft. Sie haben die ganze Welt besiedelt und kommen in jedem nur denkbaren Lebensraum vor.
Allen Nagetieren gemeinsam sind je ein Paar lange, gebogene Schneidezähne im Ober- und Unterkiefer, die typischen Nagezähne. Sie wachsen zeitlebens und müssen deshalb durch ständigen Gebrauch laufend abgenutzt werden. Weil dabei die hintere, weichere Zahnschicht stärker abgerieben wird als die vordere, härtere Schicht aus Zahnschmelz, bildet sich stets eine scharfe, meißelförmige Kante. Damit können die Tiere selbst härteste Pflanzenteile benagen.
Zu den Nagetieren gehören einige sehr beliebte Tiere in Parks und Gärten: Eichhörnchen, Siebenschläfer, Haselmaus und Gartenschläfer. Weniger beliebt dagegen sind Wühlmäuse und Ratten.

Waldmäuse sind überwiegend nachtaktiv. Sie können sehr geschickt klettern, bleiben aber meist in Bodennähe.

Hörnchen

Eichhörnchen im Winter

Die Hörnchen

Die anpassungsfähigen Hörnchen sind fast weltweit verbreitet (nur auf Australien und dem antarktischen Kontinent gibt es sie nicht) und machen mit rund 260 verschiedenen Arten eine recht große Gruppe unter den Nagetieren aus. Mit ihren großen Augen, dem weichen, oft flauschigen Fell und ihren flinken, geschickten Bewegungen sind sie allseits beliebt. Wenn sie »Männchenmachen« oder ihre Nahrung beim Fressen mit den Vorderpfoten festhalten, wirken sie besonders possierlich auf uns. Im Gegensatz zu Mäusen ist der Schwanz bei Hörnchen immer dicht behaart, oft sogar besonders buschig. Hörnchen sind außerordentlich scharfsichtige Tiere, die Netzhaut ihrer Augen hat ein besonders hohes Auflösungsvermögen. Das kommt ihnen nicht nur beim behenden Klettern und Springen zugute, sondern ermöglicht ihnen auch, Feinde schon von weitem zu erkennen.
Die Jungen der Hörnchen werden hilflos und blind geboren. Es sind »Nesthocker«, die ihre Säuglingszeit in einem geschützten, warm ausgepolsterten Nest verbringen.

Eichhörnchen

Sciurus vulgaris
Aussehen: 20–25 cm groß. Schwanz fast körperlang, buschig behaart. Fellfärbung sehr variabel, von fuchsrot, gelblich- oder graubraun bis fast schwarz, Ohren im Winter mit langen Haarbüscheln.
Vorkommen: Ganz Europa (außer Island und den

Hörnchen

Eichhörnchen im Sommerfell (ohne Ohrbüschel)

Junges Eichhörnchen

Eichhörnchen, dunkle Variante

Eichhörnchen sind äußerst gewandte Baumkletterer. Mit ihren scharfen, stark gebogenen Krallen können sie sich sicher an der Baumrinde festhalten. Bei ihren behenden Sprüngen von Ast zu Ast dient der buschige Schwanz als Steuerruder.

Mittelmeerinseln). Laub-, Misch- und Nadelwälder, Parks, Gärten.
Lebensweise: Tagaktiv; überwiegend baumbewohnend; zumeist einzelgängerisch. Baut kunstvolle Nester (Kobel) aus Reisig, in der Regel ein Haupt- und mehrere Sommer- und Ausweichnester, meist im oberen Bereich von Baumkronen in Astgabeln verankert, bezieht bisweilen auch Baumhöhlen oder Krähennester; bei Beunruhigung und Erregung laute »tjuck-tjuck«-Rufe; in der Paarungszeit wilde Verfolgungsjagden zwischen Männchen und Weibchen. Sammelt Nahrungsvorräte in hohlen Bäumen oder vergräbt sie im Boden; hält keinen Winterschlaf, sondern nur Winterruhe: schränkt seine Aktivitäten in der kalten Jahreszeit stark ein, schläft, vor allem bei naßkaltem Wetter, oft tagelang in seinem Kobel.
Nahrung: Baumsamen, Nüsse, Beeren, Pilze, Rinde, Knospen, frische Triebe, aber auch Insekten, Vogeleier und -nestlinge.
Fortpflanzung: Paarungszeit XII–VI; Tragzeit etwa 38 Tage; 1–2 Würfe im Jahr mit je 2–5 Jungen, die zwei Monate gesäugt werden und dann selbständig sind. Das Männchen beteiligt sich nicht an der Aufzucht.
Besonderes: In den Wintermonaten sucht das Eichhörnchen mit Hilfe seiner feinen Nase nach den vielen Samen und Nüssen, die es mit Herbst fleißig überall versteckt hat. Allerdings findet es bei weitem nicht alle wieder. Dadurch ist so mancher Waldbaum von einem Eichhörnchen gepflanzt worden.

Grauhörnchen

Flughörnchen im Gleitflug

Flughörnchen

Die behaarte Flughaut, die zwischen den Vorder- und Hinterbeinen ausgespannt ist, ermöglicht es dem Flughörnchen, im Gleitflug bis zu 30 Meter weit von Baum zu Baum zu segeln.

Grauhörnchen

Sciurus carolinensis

Aussehen: 20–28 cm groß. Schwanz knapp körperlang, buschig. Pelz grau bis graubraun, Ohrspitzen ohne Haarbüschel.
Vorkommen: Ursprünglich Nordamerika, auf den Britischen Inseln seit Ende des vorigen Jahrhunderts eingebürgert. Wälder, Parks.
Lebensweise: Ähnlich der des Eichhörnchens, Nester häufiger in Baumhöhlen oder Nistkästen.
Nahrung: Wie beim Eichhörnchen.
Fortpflanzung: Paarungszeit XII–VI; Tragzeit 7 Wochen, 2–3 Würfe im Jahr mit je 2–6 Jungen.
Besonderes: Der »Neubürger« Grauhörnchen und das »alteingesessene« Eichhörnchen haben sich heute den Lebensraum in England sozusagen untereinander aufgeteilt: Das Grauhörnchen besiedelt die Laubwälder des Tieflands sowie die Stadtparks, das Eichhörnchen dagegen die Nadelwälder in den bergigen Landesteilen mit rauherem Klima.

Flug-, Gleithörnchen

Pteromys volans

Aussehen: 15–18 cm groß. Schwanz etwa 10 cm lang, flach buschig.
Vorkommen: Finnland, Nordrußland, Baltikum. Laub und Mischwälder.
Lebensweise: Überwiegend dämmerungs- und nachtaktiv; gewandter Kletterer; Nest in Baumhöhlen oder Vogelnestern.
Nahrung: Hauptsächlich Birkenrinde, auch Blätter, Knospen, Baumsamen.
Fortpflanzung: Paarungszeit IV–VI; 1–2 Würfe im Jahr mit je 2–4 Jungen.

Ziesel, sichernd

Ziesel beim Fressen

Gewöhnlich tragen Ziesel Nahrung in ihren Backentaschen zum Bau. Dicke Heubüschel, die sie zum Auspolstern ihres Nests benötigen, werden jedoch auch als »Sperrgut« transportiert.

Ziesel, Heu eintragend

Ziesel

Citellus citellus

Aussehen: Etwa 20 cm groß. Sehr schlank, kurzes Schwänzchen. Fell gelblich- bis rötlichgrau, am Rücken oft mit schwacher Fleckung.
Vorkommen: Südosteuropa von Ostösterreich bis Ukraine. Trockensteppen, auch landwirtschaftliche Wiesen und Äcker (»Kultursteppen«).
Lebensweise: Tagaktiv; häufiges »Männchenmachen«; gräbt tiefe Erdbaue mit weitverzweigten Röhrensystemen, die in Kolonien angelegt werden. Bemerkt ein Ziesel eine drohende Gefahr, stößt es schrille Warnpfiffe aus, auf die alle anderen Mitbewohner der Kolonie blitzartig mit Flucht reagieren. Verstopft im Herbst die Eingänge seines Baus mit Heu und Erde, legt keine Wintervorräte an, zehrt während des Winterschlafs (IX–III/IV) nur vom angefressenen Körperfett.
Nahrung: Gräser, Kräuter, Sämereien, Knollen, Feldfrüchte, aber auch Insekten, Gelege und Nestjunge von Bodenbrütern.
Fortpflanzung: Paarungszeit IV–V; Tragzeit 25 Tage; 5–8 Junge, die drei Wochen gesäugt werden, mit zwei Monaten selbständig sind, aber erst im folgenden Frühjahr geschlechtsreif werden.
Weitere Art: In noch weiter östlich gelegenen Steppengebieten, vom südlichen Polen bis etwa zur Wolga, lebt das **Perlziesel** *(Citellus suslicus)*, das deutlich kleiner ist und eine auffällige, weiß »geperlte« Rückenfleckung trägt.

Alpenmurmeltier, herzhaft gähnend

Alpenmurmeltier
Marmota marmota
Aussehen: 50–60 cm groß. Schwanz etwa 15 cm lang. Pelz grau- bis gelblichbraun; Ohren klein, fast ganz im Fell verborgen.
Vorkommen: Ursprünglich in den Zentral- und Westalpen; in den Ostalpen, im Schwarzwald und in den Pyrenäen eingebürgert; besondere Unterart in der Hohen Tatra. Alpine Mattenregion oberhalb der Baumgrenze, meist zwischen 1500 und 3200 m Höhe, auf gerodeten, offenen Almflächen auch tiefer.
Lebensweise: Tagaktiv. Breitbeiniger, etwas watschelnder Gang, häufiges »Männchenmachen«; lebt kolonieartig in Familiengruppen. Eine Familie besteht aus einem in Dauerehe zusammenlebenden Paar und dessen Nachkommenschaft verschiedener Jahrgänge. Familienrevier wird mit Sekret aus Wangendrüsen markiert und gegen sippenfremde Eindringlinge heftig verteidigt; gräbt einfache Notunterschlupfe, flache Sommerbaue sowie tiefe Winterbaue mit weitverzweigtem Röhrensystem und geräumigem »Kessel«, der dick mit Heu ausgepolstert wird; trägt im Herbst große Heuvorräte für die noch pflanzenarme Frühjahrszeit ein; Winterschlaf X–IV, in dieser Zeit keine Nahrungsaufnahme, ganze Familie in engem Körperkontakt.
Nahrung: Gräser, Kräuter, Wurzeln, Beeren.
Fortpflanzung: Paarungszeit IV–V; Tragzeit fünf Wochen; meist 2–3 (in Ausnahmefällen bis 7) Junge, die zwei Monate

Alpenmurmeltier, aufmerksam sichernd

Alpenmurmeltier, Weibchen mit Jungen

Alpenmurmeltier, spielende Jungtiere

gesäugt werden; bleiben meist bis zum 3. Lebensjahr oder länger in der elterlichen Familie.
Besonderes: Bemerkt ein Murmeltier einen (auch nur vermeintlichen) Feind, warnt es seine Artgenossen durch schrille Pfiffe. Ein einzelner langgezogener Pfiff bedeutet »Gefahr aus der Luft«, er ertönt zum Beispiel beim Auftauchen eines Adlers, des ärgsten Feindes der Murmeltiere. Eine Gefahr, die sich am Boden nähert, etwa ein Fuchs, wird mit Serien von Pfiffen angezeigt. Und schon rennt die ganze Sippe so schnell wie möglich zum nächstgelegenen Baueingang. Doch meist verschwinden die Tiere nicht sofort darin, sondern bleiben zunächst daneben sitzen, um zu beobachten, was der Feind vorhat.
Auch ein Mensch löst den für »Bodenfeind« üblichen Alarm aus, obgleich sich die Murmeltiere vielerorts an Touristen und Bergwanderer gewöhnt haben.
Aus der Beobachtung, daß Murmeltiere in ihren kalten und feuchten Bauen offensichtlich keine Gliederschmerzen bekommen, zog man früher den naiven Schluß, daß Murmeltierfett wirksam gegen Rheumatismus sei. Dieser Glaube hat unzähligen Murmeltieren das Leben gekostet und in vielen Gegenden zu ihrer Ausrottung geführt.
Weitere Arten: In den Steppengebieten Osteuropas (heute zurückgedrängt bis Weißrußland) bis nach Westchina und Sibirien lebt der etwas größere und heller graubraun gefärbte **Bobak** *(Marmota bobak)*, auch **Steppenmurmeltier** genannt.

Biber

Biber (gut zu erkennen der breite Schwanz)

Vom Biber gefällter Baum

Biberburg

Biber

Castor fiber

Aussehen: 75–100 cm groß. Schwanz gut 30 cm lang, breit, abgeplattet, beschuppt; Ohren und Augen sehr klein. Pelz graubraun.

Vorkommen: Früher ganz Europa, heute nur noch in wenigen Gebieten (Rhone, Mittelelbe, Südnorwegen), in verschiedenen Gegenden in jüngster Zeit wiederangesiedelt. Stehende und fließende Gewässer in unterholzreichen Auwäldern.

Lebensweise: Dämmerungs- und nachtaktiv; schwimmt und taucht hervorragend; lebt in Familienverbänden, Partner in lebenslanger Einehe; gräbt Höhlen in Uferböschungen oder baut »Burgen« aus Ästen und Schlamm, deren Eingänge stets unter Wasser sind; fällt Bäume mit bis zu 70 cm Stammdurchmesser; reguliert Wasserstand seines Wohngewässers mit Hilfe von Dammbauten; trägt Äste als Wintervorrat ins Wasser, die im Bodenschlick verankert und im kalten Wasser wie in einem Kühlschrank frischgehalten werden; hält keinen Winterschlaf, bleibt während winterlicher Frostperioden oft ganz unter der Eisdecke seines Wohngewässers.

Nahrung: Ausschließlich pflanzliche Kost: Uferstauden, Laub, Rinde, weiches Holz.

Fortpflanzung: Paarungszeit I–III; Tragzeit 15 Wochen; 1–5 Junge, die vollbehaart und sehend auf die Welt kommen und mit wenigen Tagen schon schwimmen und tauchen können; werden zwei

Nutria, fressend

Entgegen den Bezeichnungen Biberratten oder Sumpfbiber ist dieses große Nagetier weder das eine noch das andere. Vielmehr gehört die Nutria zur Verwandtschaft des Meerschweinchens.

Nutria (mit langem, rundem Schwanz)

Monate gesäugt, sind dann selbständig, bleiben aber noch 2 – 3 Jahre in der Familie.
Weitere Art: In Finnland und Osteuropa hat man im Rahmen verschiedener Wiedereinbürgerungsaktionen auch den etwas größeren und dunkleren **Nordamerikanischen Biber** (*Castor canadensis*) ausgesetzt. Es entstanden vielfach Kreuzungen, so daß heute vor allem die skandinavischen Bestände nicht mehr »rasserein« sind.

Nutria, Sumpfbiber

Myocastor coypus
Aussehen: 40–60 cm groß. Schwanz fast körperlang, drehrund, mit Schuppen bedeckt. Fell dunkel- bis graubraun, Schnauzenspitze weiß; große orangefarbene Nagezähne von vorne deutlich sichtbar.
Vorkommen: Ursprünglich Südamerika, in Mittel- und Westeuropa wiederholt aus Pelztierfarmen entwichen oder ausgesetzt, seither auch wildlebend. An Bächen und Flüssen mit dichtem Bewuchs.
Lebensweise: Überwiegend dämmerungsaktiv; schwimmt und taucht ausgezeichnet, an Land Fortbewegung unbeholfen; lebt meist paarweise, bisweilen in kleinen Kolonien; bewohnt selbstgegrabene Uferhöhlen.
Nahrung: Ufer- und Wasserpflanzen.
Fortpflanzung: Paarungen ganzjährig möglich; Tragzeit gut vier Monate; 2–3 Würfe im Jahr mit je 4–6 (selten auch bis zu 12!) Jungen, die vollentwickelt geboren werden und mit drei Monaten selbständig sind.

Siebenschläfer

Die Bilche (Schläfer)

»Kobolde der Nacht« werden die Bilche oft genannt. Die maus- bis eichhörnchengroßen Tiere mit dem weichen, dichten Fell, dem buschigem Schwanz und den großen Nachttieraugen wirken äußerst possierlich auf uns. Geschickt turnen sie durchs Geäst der Bäume, nicht selten in unmittelbarer Nähe menschlicher Behausungen. Der lange Schwanz dient auf dünnen Zweigen und beim Springen als Balancestange. In ihrer Ernährung sind Bilche ausgesprochen vielseitig. Sie verzehren nicht nur Blätter und Knospen, Früchte und Samen, auf ihrem Speiseplan stehen auch Insekten und Schnekken, ja sogar kleine Wirbeltiere.
In unseren gemäßigten bis kühlen Breiten halten Bilche einen monatelangen Winterschlaf. Sie legen dafür keinerlei Nahrungsvorräte an, sondern zehren während dieser Zeit ausschließlich von ihrem Körperfett. Dazu fressen sie sich im Herbst mit nahrhaften Sämereien, Nüssen, Eicheln und anderen Baumfrüchten enorme Fettpolster an, bis sich ihr Gewicht nahezu verdoppelt hat.

Siebenschläfer

Glis glis
Aussehen: Etwa 15 cm groß. Schwanz fast körperlang, buschig. Fell aschgrau bis graubraun, bauchseits weiß; runde, häutige »Mäuseohren«.
Vorkommen: Süd- und Mitteleuropa, auf den Britischen Inseln nur in der Nähe von London eingebürgert. Laub- und Misch-

Siebenschläfer im Winterschlaf

Im Winterschlaf läuft der Stoffwechsel beim Siebenschläfer auf Sparflamme, so daß seine Fettreserven nur ganz langsam verbraucht werden. Erwacht der Siebenschläfer im Frühjahr wieder, hat er dennoch bis zu 50 Prozent seines Körpergewichts vom Herbst verloren und muß gleich auf Nahrungssuche gehen.

Siebenschläfer, Weibchen mit Jungen

wälder, Parks, Gärten; Kulturfolger!
Lebensweise: Dämmerungs- und nachtaktiv, schläft tagsüber in laubgepolsterten Astlöchern, Spalten oder Vogelnistkästen, nicht selten auch auf Dachböden; ausgesprochen bodenscheu; Winterschlaf ab den ersten Nachtfrösten bis V/VI (in kälteren Gegenden also tatsächlich bis zu sieben Monate, woher der Siebenschläfer seinen Namen hat!), gräbt sich dazu gewöhnlich bis einen Meter tief ins Erdreich ein, überwintert bisweilen aber auch in Scheunen oder auf Dachböden.
Nahrung: Überwiegend junge Baumtriebe, Blätter, Rinde, Beeren, Nüsse, Eicheln, Buckeckern und andere Baumsamen.
Fortpflanzung: Paarungszeit VI–IX; Tragzeit 30 Tage; 2–10 (zumeist 4–6) Junge, die nackt und blind geboren werden, drei Wochen gesäugt und nur vom Weibchen betreut werden.
Besonderes: Ein winterschlafender, steif zusammengerollter Siebenschläfer fühlt sich an, als wäre er nicht mehr am Leben. Die Körpertemperatur sinkt bis auf ein Grad Celsius ab, Herzschlag und Atmung sind kaum noch wahrnehmbar, Atempausen von beinahe einer Stunde kommen vor. Die Fähigkeit des Siebenschläfers, sich zum Überwintern enorme Fettpolster anzufressen, kannten schon die alten Römer: Sie züchteten und mästeten Siebenschläfer, um sie bei Festmahlen als Delikatesse aufzutischen.

Bilche

Gartenschläfer

Haselmaus

Baumschläfer

Die nachtaktive Haselmaus ist ein ausgesprochen ungeselliges Wesen. Sie lebt in unterholzreichen Wäldern und an Waldrändern mit vielen beerentragenden Sträuchern.

Gartenschläfer

Eliomys quercinus

Aussehen: 12–17 cm groß. Schwanz fast körperlang. Auffällige schwarze Gesichtszeichnung, Schwanz mit schwarzweißer Quaste.
Vorkommen: Süd- und Mitteleuropa, Teile Osteuropas; in Deutschland nur regional (z.B. Schwarzwald, Südbaden). Laub-, Misch- und Nadelwälder, Weingärten.
Lebensweise: Nachtaktiv; häufig auch am Boden; baut Nest in Baumhöhlen, Felsspalten oder Nistkästen; gräbt sich zum Winterschlaf meist im Erdreich ein.
Nahrung: Überwiegend tierische Kost, zum Beispiel große Insekten, Spinnen, Schnecken; im Herbst jedoch vor allem Baumfrüchte, Samen.
Fortpflanzung: Paarungszeit IV–IX; Tragzeit 23 Tage; 3–7 nackt und blind geborene Junge.
Weitere Art: Der **Baumschläfer** (*Dryomys nitedula*) kommt in Südosteuropa vor und ähnelt in seiner Lebensweise dem Gartenschläfer.

Haselmaus

Muscardinus avellanarius

Aussehen: 7–9 cm groß. Schwanz körperlang, gleichmäßig dicht behaart.
Vorkommen: Mittel- und Südeuropa (außer Iberische Halbinsel). Laub- und Mischwälder.
Lebensweise: Baut Kugelnester aus Gras und Laub, meist frei im Buschwerk, bisweilen in Nistkästen oder Baumhöhlen; Winterschlaf in Bodennestern.
Nahrung: Überwiegend Pflanzenkost, auch Insekten.
Fortpflanzung: Paarungs-

Feldhamster beim Fressen von Getreide

zeit IV–VII; Tragzeit 23 Tage; 1–2 Würfe im Jahr mit je 3–5 Jungen.

Feldhamster
Cricetus cricetus
Aussehen: 25–30 cm groß, Schwänzchen 3–6 cm lang. Fell oberseits gelblichbraun, an Bauch und Kehle schwarz, im Gesichts- und Schulterbereich weiße bis gelbliche Scheckung.
Vorkommen: Mittel- und Osteuropa. Steppengebiete, ausgedehnte Ackerbauflächen.
Lebensweise: Dämmerungs- und nachtaktiv; ausgeprägter Einzelgänger; bewohnt weitverzweigte unterirdische Gangsysteme; trägt Nahrung in seinen Backentaschen zum Bau, legt dort große Vorräte an; hält Winterschlaf (etwa X–II), den er häufig unterbricht, um von seinen Vorräten zu fressen.
Nahrung: Gräser und Kräuter, Wurzeln, Feldfrüchte, Getreide, auch Insekten, Schnecken, Würmer, sogar Mäuse.
Fortpflanzung: Paarungszeit IV–VII; Tragzeit 20 Tage; 2–3 Würfe im Jahr mit je 4–8 Jungen, die nackt und blind geboren werden, 18 Tage gesäugt werden und mit vier Wochen selbständig sind.
Besonderes: Macht ein Feldhamster »Männchen«, fällt vor allem der schwarze Bauch auf: Unser Hamster trägt eine sogenannte »Verkehrtfärbung«. Gewöhnlich ist bei Säugetieren nämlich die Unterseite heller gefärbt als der Rükken. Fühlt sich ein Hamster bedroht, richtet er sich auf und bläht seine Backentaschen auf, so daß der Kopf plötzlich dreimal so breit erscheint und faucht.

Rötelmaus, Weibchen mit Jungen

Die Wühlmäuse
Die Wühlmäuse sind mit etwa 110 verschiedenen Arten auf der ganzen nördlichen Halbkugel verbreitet. Ihr Körper ist kompakt gebaut, ohne weit abstehende Teile, die beim Graben im Erdreich nur hinderlich wären. Der Kopf ist gedrungen, die Beine sind kurz, die Ohren so klein, daß sie oft kaum aus dem Fell herausragen, der Schwanz ist nicht selten nur ein Stummelschwänzchen.
Viele Wühlmausarten haben sich auf Grasnahrung spezialisiert anstelle von zarten Kräutern oder Samen und Früchten. Da die Zellwände von Gras harte Silikate enthalten, werden die Zähne beim Kauen stark abgenutzt. Die überwiegend grasfressenden Arten haben daher Backenzähne, die wie die Nagezähne ständig weiterwachsen und laufend abgerieben werden müssen.
Wühlmäuse halten keinen Winterschlaf. In der kalten Jahreszeit ernähren sie sich von dem, was sie unter der Erde oder unter der Schneedecke finden und von ihren eingetragenen Vorräten.
Die Bestände vieler Wühlmausarten schwanken stark. Immer wieder kommt es zu Massenvermehrungen. Dann wird die Nahrung knapp, der Streß für die im Grunde einzelgängerisch veranlagten Mäuse steigt, sie werden aggressiv und krankheitsanfälliger. Schließlich kommt es zu einem Massensterben. Durch ihre enorme Geburtenrate können die Überlebenden die Verluste jedoch bald wieder ausgleichen.

Rötelmaus beim Fressen

Graurötelmaus

Verglichen mit anderen Wühlmausarten ist die Rötelmaus erstaunlich oft an der Erdoberfläche unterwegs.

Rötelmaus, Waldwühlmaus

Clethrionomys glareolus
Aussehen: 8–12 cm groß. Schwanz etwa halb so lang wie der Körper. Rücken rötlichbraun bis fuchsrot, Unterseite grau; Ohren breit und rund, ragen deutlich aus dem Fell heraus.
Vorkommen: Ganz Europa außer Iberischer Halbinsel und Nordskandinavien. Laub- und Mischwälder, Heckenlandschaften, Parks.
Lebensweise: Vorwiegend dämmerungsaktiv; klettert geschickt im Gezweig von Sträuchern; legt ein verzweigtes Gangsystem knapp unter der Erdoberfläche oder oberirdisch in der Bodenvegetation an; aus Gräsern und Halmen geflochtene Nestkugel, mit Laub und Moos gepolstert.
Nahrung: Jahreszeitlich verschieden, im Frühjahr und Sommer vorwiegend Blätter und Kräuter, auch Insekten, Würmer, im Herbst und Winter vor allem Samen, Beeren und andere Früchte.
Fortpflanzung: Paarungszeit III–IX, bei milder Witterung auch im Winter; Tragzeit 19 Tage; meist 2–3 Würfe im Jahr mit je 3–7 Jungen, die nackt und blind geboren werden, mit drei Wochen das Nest verlassen und mit 9 Wochen bereits selbst geschlechtsreif sind.
Weitere Arten: **Die Graurötelmaus** (*Clethrionomys rufocanus*) ist in der Taiga und Tundra des hohen Nordens beheimatet, vor allem in felsigem, höhergelegenen Gelände. Auch die etwas kleinere **Polarrötelmaus** (*Clethrionomys rutilus*) kommt im höchsten Norden Skandinaviens vor.

Erdmaus in ihrem Gang

Feldmaus

Schermaus

Erdmaus

Microtus agrestis

Aussehen: 9–13 cm groß. Schwanz 3–4 cm lang. Oberseits dunkel- oder rötlichbraun, Bauch hell.
Vorkommen: Mittel- und Nordeuropa außer Irland und Island. Kühle, feuchte Gegenden, Waldränder, Bergwiesen, Moore.
Lebensweise: Tag- und nachtaktiv; legt Laufgänge knapp unter der Erdoberfläche oder im Gras an.
Nahrung: Gräser, Kräuter, im Winter auch Rinde.
Fortpflanzung: Wie Feldmaus.

Feldmaus

Microtus arvalis

Aussehen: Der Erdmaus sehr ähnlich, Fell eher gelblichbraun.
Vorkommen: Süd- und Mitteleuropa. Trockene Flächen, Wiesen, Felder.
Lebensweise: Tag- und nachtaktiv; Erdbaue mit weitverzweigten Gangsystemen, Nest- und Vorratskammern.
Nahrung: Gräser, Kräuter, Früchte, Samen, Getreidekörner, Feldfrüchte, Klee.
Fortpflanzung: Paarungszeit III–X, bisweilen ganzjährig; Tragzeit 20 Tage; 3–6 Würfe im Jahr mit meist 4–7 Jungen, die nach 20 Tagen bereits selbständig sind.

Schermaus

Arvicola terrestris

Aussehen: Mit 12–20 cm beinahe rattengroß. Schwanz gut halbkörperlang. Färbung sehr variabel, von gelblichbraun bis fast schwarz.
Vorkommen: Europa (in Westeuropa nur regional). Ufer ruhiger Gewässer, Wiesen, Äcker, Gärten.
Lebensweise: Tag- und nachtaktiv; schwimmt und

Bisamratten

Berglemming

Alle 3 – 4 Jahre kommt es unter den Lemmingen zu Massenvermehrungen, die mit oft spektakulären Massenwanderungen verbunden sind. Der größte Teil der Tiere findet dabei den Tod.

taucht gut; gräbt ausgedehnte Röhrensysteme.
Nahrung: Ufer- und Wasserpflanzen, Wurzeln, Feldfrüchte.
Fortpflanzung: Ähnlich wie bei der Feldmaus.
Besonderes: Wirft wie der Maulwurf beim Graben kleine Erdhügel auf.

Bisamratte
Ondatra zibethicus
Aussehen: 25–40 cm groß. Schwanz 20–25 cm lang, seitlich abgeplattet.
Vorkommen: Mittel- und Osteuropa (aus Nordamerika eingeführt). Ufer ruhiger Gewässer mit dichter Vegetation.
Lebensweise: Überwiegend nachtaktiv; schwimmt und taucht sehr gut; lebt in lockeren Kolonien; baut Schilfburgen oder gräbt Röhren in die Uferböschungen.
Nahrung: Wasser- und Uferpflanzen.
Fortpflanzung: Paarungszeit IV–X; mehrere Würfe im Jahr mit je 5–8 Jungen.

Berglemming
Lemmus lemmus
Aussehen: Etwa 15 cm groß. Stummelschwänzchen und Ohren im Fell verborgen. Pelz rotbraun, gelblich und schwarz.
Vorkommen: Nördliches Skandinavien. Moorige Flächen der Zwergstraucher- und Birkenregion, Gebirgstundra.
Lebensweise: Vorwiegend nachtaktiv; einzelgängerisch, sehr unverträglich; legt umfangreiche ober- und unterirdische Gangsysteme an.
Nahrung: Moose, Beeren, Rinde, Wurzeln, Blätter.
Fortpflanzung: Paarungszeit IV–IX; 2–3 Würfe im Jahr mit bis zu 12 Jungen.

Echte Mäuse

Zwergmaus, balanciert zwischen Grashalmen

Die Echten Mäuse (Langschwanzmäuse)

Wie schon der Zweitname sagt, ist ein langer Schwanz kennzeichnend für die sogenannten Echten Mäuse. Bei vielen Arten ist er mehr als körperlang, zumeist nicht behaart (höchstens mit kurzen Borsten besetzt), dafür mit feinen Schuppen bedeckt. Außerdem haben Echte Mäuse große Augen und Ohren, wodurch man sie leicht von den Wühlmäusen unterscheiden kann.
Im Gegensatz zu den Wühlmäusen bewegen sich die Echten Mäuse zumeist auf der Erdoberfläche oder auf Bäumen. Unter die Erde verschwinden sie nur, um Schutz zu suchen, zum Beispiel zum Schlafen oder um ihre Jungen großzuziehen. Die Jungen sind ausgesprochene »Nesthokker«, sie kommen blind und nackt zur Welt und müssen von ihren Müttern gut gewärmt werden.
Mit rund 460 Arten sind die Langschwanzmäuse in der gesamten Alten Welt verbreitet. Den Sprung in die Neue Welt haben nur drei Arten geschafft, und zwar mit Hilfe und im Gefolge des Menschen: die Hausmaus, die Haus- und die Wanderratte.

Zwergmaus

Micromys minutus
Aussehen: 5–7,5 cm groß. Schwanz körperlang. Fell gelb- bis rostbraun, unterseits weiß.
Vorkommen: Mittel-, Ost- und Südeuropa (fehlt auf der Pyrenäenhalbinsel und in Süditalien). Feuchte Wiesen mit hohem Gras, Buschwerk, Getreidefelder; im Winter oft in Ställen und Scheunen.

Echte Mäuse

Zwergmaus in ihrem Kugelnest

Hausmaus beim Fressen aus dem Vollen

Hausmaus mit neugeborenen Jungen

Während im Freiland lebende Hausmäuse in ihren Erdbauen oft große Vorratslager anlegen, hat die »Haus-Hausmaus« den Sammeltrieb gänzlich verloren. Sie lebt lieber direkt neben oder noch besser mitten in den Nahrungsvorräten des Menschen.

Lebensweise: Tag- und nachtaktiv. Klettert an Halmen und Zweigen, hält sich dabei mit dem Schwanz fest; baut im Sommer kugelige Grasnester, die in 20–100 cm Höhe an Halmen befestigt sind; Winternester am oder im Boden.
Nahrung: Samen von Gräsern und Kräutern, Getreide, Beeren, Knospen, Triebe, Insekten.
Fortpflanzung: Paarungszeit IV–IX; Tragzeit drei Wochen; 2–4 Würfe im Jahr mit je 4–7 Jungen.

Hausmaus

Mus musculus

Aussehen: 7–10 cm groß. Schwanz etwa körperlang. Fell »mausgrau« oder grau- bis gelblichbraun; Ohren groß, rund, häutig.
Vorkommen: Urheimat Ostasien, als Siedlungsfolger des Menschen heute weltweit verbreitet. Ausschließlich oder zumindest zeitweise in menschlichen Behausungen, Ställen, Scheunen, Kellern; im Freiland Feldraine, Wiesen, Hecken, Gärten.
Lebensweise: Tag- und nachtaktiv. Lebt in Familienverbänden, in denen eine feste Rangordnung herrscht; in Gebäuden Nester aus kleingebissenem Papier, Textilien u.ä., im Freien selbstgegrabene Erdbaue.
Nahrung: Allesfresser! Bevorzugt aber Sämereien, Getreideprodukte, Speck.
Fortpflanzung: Paarungszeit ganzjährig, im Freiland IV–X; Tragzeit rund drei Wochen; 4–8 Würfe im Jahr mit je 4–9 Jungen, die mit 6–7 Wochen geschlechtsreif sind.

Waldmaus beim Öffnen einer Haselnuß

Waldmaus

Apodemus sylvaticus

Aussehen: 7,5–10 cm groß. Schwanz körperlang. Fell gelblichgraubraun, unterseits hellgrau.

Vorkommen: Ganz Europa außer Nordskandinavien. Entgegen ihrem Namen vorwiegend in offenem Gelände, Felder, Wegböschungen, Parks, Waldränder, meidet tiefen Wald; im Winter auch gern in Gebäuden.

Lebensweise: Dämmerungs- und nachtaktiv. Springt und klettert gut, bleibt aber meist in Bodennähe; richtet sich häufig auf den Hinterbeinen auf, um die Umgebung besser beobachten zu können; wenig gesellig; gräbt tiefe Erdgänge mit Nest– und Vorratskammern oder benutzt verlassene Wühlmausbauten, bisweilen Nest auch in Baumhöhlen.

Nahrung: Samen von Gräsern, Kräutern und Bäumen, Knospen, Triebe, Beeren, Pilze, auch Insekten, Würmer, Schnecken.

Fortpflanzung: Paarungszeit III–X; Tragzeit 23 Tage; 3–4 Würfe im Jahr mit je 3–8 Jungen.

Besonderes: Macht sich bei schneller Flucht mit großen Sätzen davon, wobei sie wie ein Känguruh nur noch auf den Hinterbeinen hüpft. Das kleine Tier schafft dabei Sprünge bis zu 80 cm Weite, was ihm im Volksmund den Namen »Springmaus« eingebracht hat.

Gelbhalsmaus

Apodemus flavicollis

Aussehen: 9–13 cm groß. Schwanz körperlang. Fell oberseits gelblichbraun, unterseits weiß mit scharfer Farbgrenze, an der

Gelbhalsmaus

Brandmaus

Die Gelbhalsmaus klettert im Wald häufig hoch auf den Bäumen im Geäst herum. Auch als winterlicher Gast in Häusern verhält sie sich, wie es ihrer Natur entspricht, klettert nämlich bevorzugt in die oberen Etagen und besiedelt Dachböden.

Kehle häufig (aber nicht immer!) ockergelbes »Halsband«.
Vorkommen: Mittel-, Ost- und Südosteuropa, in Westeuropa nur vereinzelt. Laub- und Mischwälder, Gebüsche, Parks, im Gebirge bis zur Baumgrenze; im Winter häufig in Gebäuden.
Lebensweise: Wie Waldmaus, klettert aber häufiger auf den Zweigen herum und baut ihr Nest in verlassenen Vogelnestern oder Nistkästen.
Nahrung: Samen, Baumfrüchte, Pilze, Triebe, Knospen, Insekten.
Fortpflanzung: Paarungszeit II–X; Tragzeit 23–25 Tage; 3–5 Würfe im Jahr mit je 4–7 Jungen.

Brandmaus

Apodemus agrarius
Aussehen: 10–12 cm groß. Schwanz etwas kürzer als der Körper. Fell gelblich- bis rotbraun, am Rücken schwarzer Aalstrich.
Vorkommen: Ost- und Südosteuropa, im Westen bis Norddeutschland. Waldränder, Feldraine, Flußufer, Gärten, Parks; kommt im Winter oft in Ställen und Scheunen vor.
Lebensweise: Vorwiegend tagaktiv. Kann sehr schnell rennen, klettert häufig im Gezweig; lebt in kleinen Familiengruppen; gräbt flache Erdbaue mit Nest- und Vorratskammern.
Nahrung: Samen, Beeren, Baumfrüchte, vor allem im Frühjahr auch viel tierische Kost (Insekten, Aas, Schnecken, Würmer).
Fortpflanzung: Paarungszeit IV–IX; Tragzeit drei Wochen; 3–4 Würfe im Jahr mit 5–8 Jungen.

Hausratte

Wanderratte

Vor allem im Mittelalter waren Hausratten mit ihrem Schmutz und ihren Flöhen Überträger vieler Krankheiten, unter anderem der Pest. Heute bevölkern sie vor allem die Hafenstädte in aller Welt, während sie im Landesinneren in West- und Mitteleuropa am Aussterben sind.

Wanderratte

Rattus norvegicus

Aussehen: 22–27 cm groß. Schwanz 18–22 cm lang. Fell graubraun bis fast schwarz, unterseits weißlichgrau; Füße fleischfarben; Ohren rund, häutig, deutlich zu sehen.
Vorkommen: Ursprünglich Ostasien, als Siedlungsfolger des Menschen heute weltweit. Dörfer und Städte, Keller, Kanalisationsschächte, Müllplätze, gern in Wassernähe, an Gräben oder Deichen (volkstümlicher Name »Wasserratte«!).
Lebensweise: Überwiegend dämmerungs- und nachtaktiv. Klettert, schwimmt und taucht gut; lebt in Familienrudeln mit streng festgelegter Rangordnung; Wohngebiet der Sippe wird gegen fremde Artgenossen vehement verteidigt; bewohnt außerhalb menschlicher Gebäude selbstgegrabene Erdbaue mit langen Gängen.
Nahrung: Allesfresser! Mäuse, Vögel, Eier, Fische, Aas, Blätter, Samen, Früchte, Nahrungsmittel des Menschen.
Fortpflanzung: Paarungszeit ganzjährig, in kalten Gegenden IV–X; Tragzeit 22–24 Tage; 4–6 Würfe im Jahr mit je 6–12 Jungen, die rund drei Wochen gesäugt werden, mit 6–7 Wochen selbständig und mit drei Monaten bereits geschlechtsreif sind.
Weitere Arten: Die kleinere und schlankere **Hausratte** (*Rattus rattus*) hat im Gegensatz zur Wanderratte einen mehr als körperlangen Schwanz. Außerdem ist ihr Fell in der Regel schwarz bis dunkelgraubraun.

Birkenmaus

Birkenmaus

Siscita betulina

Aussehen: 5–7 cm groß. Schwanz 1 1/2 mal so lang wie der Körper, spärlich behaart. Fell gelbbraun-schwarz meliert, am Rükken schwarzer Aalstrich.
Vorkommen: Ost- und Nordosteuropa, Skandinavien, Dänemark, vereinzelt auch in Deutschland und Österreich. Feuchte Laub- und Nadelwälder mit dichtem Unterwuchs, Waldwiesen, Hochmoore, Bergmatten bis in 2000 m Höhe.
Lebensweise: Überwiegend dämmerungs- und nachtaktiv. Springt und klettert gut, hält sich dabei mit dem Schwanz fest oder streckt ihn waagerecht ab wie eine Balancierstange; baut kugelförmiges Sommernest aus Gras und Moos, meist frei an Ästen befestigt; Winterschlaf (IX–V) in selbstgegrabener Erdhöhle.
Nahrung: Sämereien, Beeren, Baumfrüchte, Insekten und anderen Kleintieren.
Fortpflanzung: Paarungszeit V–VI; Tragzeit 4–5 Wochen; nur ein Wurf im Jahr mit 2–6 Jungen.
Besonderes: Beim Klettern im Gezweig ist die Birkenmaus dank ihrer äußerst beweglichen Finger und Zehen sehr geschickt. Beim Ergreifen eines Zweiges kann sie die äußere, kleine Zehe den anderen Zehen gegenstellen wie wir den Daumen. Von allen Säugetieren hält die Birkenmaus den längsten Winterschlaf. Er kann bis zu acht Monate dauern. Auch mitten im Sommer fällt sie an kalten Tagen in einen vorübergehenden Starrezustand.

Raubtiere

Raubtiere, in neuerer Zeit bisweilen auch Beutegreifer genannt, ernähren sich in erster Linie von Fleisch anderer Tiere, die sie jagend erbeuten. Diese Art der »Nahrungssuche« bedarf jedoch besonderer körperlicher Fähigkeiten. So sind einige Raubtiere pfeilschnelle Jäger, andere ausdauernde Verfolger mit großer Körperbeherrschung. Das kräftige Gebiß mit den dolchartig verlängerten Eckzähnen ermöglicht den Raubtieren ein sicheres Packen und schnelles Töten der Beute. Entgegen früher weitverbreiteter Vorstellungen töten Raubtiere niemals aus purer Mordlust, sondern nur um sich und ihren Nachwuchs zu ernähren.
Zu den Raubtieren gehören die Marder, Groß- und Kleinbären, die hundeartigen und katzenartigen Raubtiere und die im Wasser lebenden Robben. Zu den kleinsten Raubtieren gehört das Zwergwiesel, zu den größten der Braunbär und der See-Elefant.
Im Garten kommen bisweilen Marder, Hermelin und Mauswiesel vor.

Bei Wölfen sind Auseinandersetzungen unter Artgenossen streng reglementiert. Obwohl solche Kämpfe ungeheuer wild wirken, kommt es dabei selten zu ernsthaften Verletzungen.

Baummarder (unterscheidet sich vom Steinmarder durch gelblichen Kehlfleck)

Die Marder

Die Marder sind die entwicklungsgeschichtlich älteste Gruppe aller Raubtiere. Sie sind sehr anpassungsfähig und besiedeln nahezu alle Lebensräume. Die meisten Marderarten leben einzelgängerisch und ernähren sich überwiegend von tierischer Nahrung. Ihre Beutetiere spüren sie in erster Linie mit Hilfe ihrer überaus scharfen Nase auf. Sie kennzeichnen ihr Jagdrevier mit Duftmarken, die sie mit dem Sekret von Afterdrüsen an Steinen oder Baumstämmen absetzen. Eine starke Produktion von Afterdrüsensekreten, die für unsere Nasen meist sehr unangenehm riechen, ist für die Marder charakteristisch. Die Jungen kommen wie alle Raubtierjungen blind und taub, aber schon mit einem dünnen Fellchen bekleidet zur Welt.

Baummarder

Martes martes

Aussehen: 40–55 cm lang. Schwanz 20–30 cm, buschig. Fell braun, hellgelblicher Kehlfleck mit scharfer Farbgrenze.

Vorkommen: Ganz Europa außer Island und Südspanien. Großflächige Waldgebiete, im Gebirge bis zur Baumgrenze.

Lebensweise: Vorwiegend dämmerungs- und nachtaktiv. Klettert ausgezeichnet, jagt aber auch am Boden; bewohnt Baumhöhlen hoch über dem Erdboden, bisweilen auch verlassene Eichhörnchen- oder Greifvogelnester.

Nahrung: Mäuse, Eichhörnchen, Vögel, Insekten, Waldfrüchte.

Fortpflanzung: Ähnlich wie beim Steinmarder.

Marder

Steinmarder (gut zu sehen der nach unten gegabelte, weiße Kehlfleck)

Steinmarder

Martes foina

Aussehen: 45–50 cm groß. Schwanz 20–30 cm, buschig. Fell braun, an Kehle und Brust scharf umrissener schneeweißer, meist nach unten gegabelter Fleck.
Vorkommen: Süd- und Mitteleuropa (außer Britische Inseln und Mittelmeerinseln). Baumfreie, felsige Gebiete, Waldränder, lichte Bergwälder, als Kulturfolger auch in Dörfern und Städten.
Lebensweise: Überwiegend nachtaktiv. Klettert nicht so gut wie der Baummarder, jagt gewöhnlich am Boden; bewohnt Felsspalten, Steinhöhlen, Gebäude, Scheunen, Ruinen.
Nahrung: Kleintiere aller Art bis Kaninchen- oder Hühnergröße, häufig Mäuse und Ratten, aber auch Obst und Beeren.
Fortpflanzung: Paarungszeit VII–VIII; Tragzeit durch eine Keimruhe auf 8–9 Monate verlängert; im späten Frühjahr (meist April) 3–7 Junge, die 7–8 Wochen gesäugt werden und mit etwa 10 Wochen das Nest verlassen und klettern und springen lernen; sind mit drei Monaten bereits so selbständig, daß sie ihrer Mutter auf die Jagd folgen.
Besonderes: In Dörfern und Städten machen sich Steinmarder durch eifriges Verfolgen von Mäusen und Ratten nützlich. In jüngster Zeit allerdings haben Steinmarder in unseren Städten eine Vorliebe für Gummimanschetten und Bremsschläuche geparkter Autos entwickelt, die sie aus noch ungeklärten Gründen durchbeißen, solange sie vom Fahren noch warm sind.

Hermelin im Sommerfell

Hermelin im Winterfell

Hermelin beim Umfärben

In weniger kalten Gebieten bleiben viele Hermeline das ganze Jahr über braun oder färben nicht vollständig um, so daß sie im Winter ein geschecktes Übergangskleid tragen. Aber auch der normale Fellwechsel dauert im Frühjahr etwa einen Monat, während dem die Hermeline mehr oder weniger gescheckt herumlaufen.

Hermelin, Wiesel

Mustela erminea

Aussehen: 20–30 cm groß. Schwanz halb so lang wie der Körper. Fell im Sommer kastanien- bis zimtbraun mit gelblich-weißer Unterseite, im Winter meist reinweiß, Schwanzspitze immer schwarz.
Vorkommen: Ganz Europa außer Mittelmeerraum und Island. Strukturreiches Gelände mit Wiesen und Hecken, besonders gern in Wassernähe, im Gebirge bis in 3000 m, meidet geschlossene Wälder.
Lebensweise: Tag- und nachtaktiv. Typischer Sprunglauf mit bis zu 50 cm langen Sätzen, häufiges »Männchenmachen«; markiert und verteidigt Jagdrevier, das je nach Beuteangebot sehr unterschiedlich groß sein kann (10–30 Hektar).
Nahrung: Vorwiegend Nagetiere bis etwa zur Größe einer Ratte, Vögel, auch Insekten und Weichtiere.
Fortpflanzung: Paarungszeit VI–VIII und II–III; Tragzeit acht Wochen oder 9–10 Monate mit einer Keimruhe; 4–8 Junge, die von beiden Partnern versorgt werden; öffnen mit sechs Wochen die Augen und sind nach 3–4 Monaten selbständig.
Besonderes: Fürsten und Könige trugen früher Mäntel aus den schneeweißen Winterfellen von Hermelinen, auf die als besondere Zierde die schwarzen Schwanzspitzen aufgenäht waren. Hermelinpelz ist nicht nur sehr kostbar, sondern auch außerordentlich dicht: auf 1 cm^2 Fell stehen etwa 20 000 Haare.

Mauswiesel (im Vergleich zum Hermelin stark vergrößert)

Mauswiesel

Mustela nivea

Aussehen: 17–23 cm groß. Schwänzchen 3–6 cm. Braunes Rücken- und weißes Bauchfell, Farbgrenze unregelmäßig gezackt. Im hohen Norden sowie im Hochgebirge völlig weißes Winterfell; Schwanz stets ohne schwarze Spitze (Unterschied zum Hermelin!).
Vorkommen: Ganz Europa außer Irland und Island. Lebt nahezu überall, auch in Kulturlandschaften, im Gebirge bis in 3000 m Höhe, meidet jedoch Feuchtgebiete.
Lebensweise: Tag- und nachtaktiv. Läuft mit Sprüngen, häufiges »Männchenmachen«, klettert geschickt; jagt Mäuse auch in deren unterirdischen Gängen.
Nahrung: Wühlmäuse und andere kleine Nagetiere, selten auch Vögel, Eier, Insekten.
Fortpflanzung: Paarungszeit ganzjährig; Tragzeit 33–36 Tage; 1–2 Würfe im Jahr mit meist 4–7, in Ausnahmefällen bis zu 12 Jungen. Das Männchen beteiligt sich nicht an der Aufzucht der Jungtiere.
Besonderes: Dieses kleinste unserer europäischen Raubtiere ist spezialisiert auf die Jagd nach Mäusen. Mit seinem schlanken Körper und dem nur zwei Zentimeter breiten Kopf kann es mühelos selbst durch Feldmausgänge schlüpfen. Sogar das Nest, in dem die Jungen aufwachsen, liegt nicht selten in einem Schermaus- oder Feldmausbau, dessen Besitzer vom Mauswiesel erbeutet worden ist. Die Jungen wachsen sehr schnell heran und sind bald fortpflanzungsfähig.

Marder

Iltis

Europäischer Nerz

Steppeniltis

Der Iltis, im Volksmund mancherorts auch »Ratz« genannt, ist ein ausgesprochenes Nachttier. Tagsüber schläft er in einem Erdbau oder unter einem Baumstumpf, Holzstoß oder Heuschober – oft so fest, daß man ihn für bewußtlos halten könnte. Daher stammt die Redensart »Der schläft wie ein Ratz«.

Iltis

Mustela putorius

Aussehen: 30–45 cm groß. Schwanz 12–15 cm lang. Fell braunschwarz, am Rücken mit ockergelber bis weißer Unterwolle, Gesicht hell mit dunkler Augenmaske.

Vorkommen: Ganz Europa außer Irland, Island, Nordskandinavien und Mittelmeerinseln. Aufgelockerte Waldgebiete mit Wiesen und Feldern, Flußauen, häufig in Siedlungsnähe.

Lebensweise: Dämmerungs- und nachtaktiv. Fortbewegung meist springend, mit angehobenem Rücken (»Buckel«); Jagdrevier nicht selten mehrere km^2 groß.

Nahrung: Mäuseartige Nagetiere, auch Frösche, Vögel, bisweilen Schlangen, Insekten.

Fortpflanzung: Paarungszeit III–V; Tragzeit sechs Wochen; 3–7 Junge mit weißlichem Fell, die sich erst mit einem Monat allmählich braun färben.

Weitere Arten: In weiten Teilen Osteuropas kommt neben dem gewöhnlichen Iltis auch noch eine hellere Ausgabe, der **Steppeniltis** (*Mustela eversmanni*) vor. Er hält sich an trockene, offene Landschaften und meidet Dörfer.

Der **Europäische Nerz** (*Mustela lutreola*) wird fast nur noch in Farmen als Pelztier gezüchtet. In freier Wildbahn ist er vom Aussterben bedroht.

Vielfraß, Järv

Gulo gulo

Aussehen: 70–90 cm groß. Schwanz etwa 20 cm lang. Pelz langhaarig, braun, Beine, Gesicht und Rükkensattel dunkel- bis

Vielfraß, trocknet sich sein nasses Fell in der Sonne

schwarzbraun; hochbeinig. Vorkommen: Nordskandinavien und Finnland bis Sibirien. Lichte Nadelwälder und Waldtundren, im Gebirge bis zur Baumgrenze, Moorgebiete. Lebensweise: Tag- und nachtaktiv. Klettert durchaus gut, bleibt aber überwiegend am Boden; Jungenaufzucht in Erd-, Fels- oder Schneehöhlen; im Winter keine ständige Behausung. Nahrung: Im Sommer Eier, Vögel, Lemminge, Beeren; im Winter aber auch Rentiere, Rehe, Schneehasen und Aas. Fortpflanzung: Paarungszeit IV–VI; Tragzeit (mit Keimruhe) etwa 9 Monate; 2–3 Junge, die mit einem hellen, gelblichgrauen Fell geboren werden; mit zwei Monaten wird dieses Säuglingskleid durch ein einheitlich dunkelbraunes Fell ersetzt, erst mit einem Jahr Erwachsenenfärbung. Besonderes: Der Name Vielfraß deutet nicht etwa auf einen zügellosen Appetit hin, sondern leitet sich vom altnordischen »fjellfraß«, die Felsenkatze, ab. In Gegenden mit wenig Beutetieren kann das Jagdrevier eines einzigen Vielfraßes bis zu 2000 km^2 groß sein, und wenn er es durchstreift, legt er bis zu 40 Kilometer am Tag zurück. Mit seinen breiten Pfoten sinkt er selbst in lockerem Schnee nicht weit ein und ist dadurch im Winter den meisten anderen Tieren überlegen. Es fallen ihm jedoch fast ausschließlich kranke, verletzte oder geschwächte Tiere zum Opfer. Er wird damit zur »Gesundheitspolizei« der Tundra und Taiga.

Dachse vor ihrem Bau

Dachs

Meles meles

Aussehen: 60–90 cm groß. Schwanz 15–20 cm lang. Rücken silbriggrau meliert, Beine und Bauch schwarz, am Kopf schwarzweiße Streifenzeichnung.
Vorkommen: Ganz Europa außer Nordskandinavien, Island und Mittelmeerinseln. Laub- und Mischwälder, Heckenlandschaften, Parkanlagen, im Gebirge bis über 2000 m
Lebensweise: Dämmerungs- und nachtaktiv. Durchstreift sein Wohnrevier auf festen, gut ausgetretenen Pfaden (»Wechsel«) und benützt festgelegte Kotplätze; führt lebenslange Einehe; gräbt umfangreiche Erdbaue, die oft jahrzehntelang bestehen und von vielen Generationen einer Dachsfamilie bewohnt und ständig weiter ausgebaut werden. Für jeden Nachwuchs wird ein neuer Wurfkessel gegraben, zum Teil in über drei Meter Tiefe. In kalten, schneereichen Wintern halten Dachse Winterruhe (keinen Winterschlaf): sie verlassen dann ihren Bau oft wochen- oder gar monatelang nicht und zehren von den beträchtlichen Fettpolstern, die sie sich im Herbst angefressen haben.
Nahrung: Allesfresser! Überwiegend Regenwürmer, aber auch Insekten, Frösche, Aas, Wurzeln, Knollen, Obst, Beeren.
Fortpflanzung: Paarungszeit II–X, hauptsächlich III–V; Tragzeit unterschiedlich, je nach Dauer der Keimruhe, mindestens jedoch zwei Monate; 1–5 (meist zwei) Junge, die mit weißlichem Fell geboren werden.

Fischotter beim Fressen

Fischotter

Lutra lutra

Aussehen: 60–90 cm groß. Schwanz 40–50 cm lang. Fell glänzendbraun; ganzer Körper stromlinienförmig.
Vorkommen: Ganz Europa außer Island und einigen Mittelmeerinseln; in Mitteleuropa heute allerdings in weiten Bereichen ausgerottet; Binnengewässer aller Art mit dichtbewachsenen, unzugänglichen Uferzonen.
Lebensweise: Tag- und nachtaktiv. Schwimmt und taucht hervorragend; führt nur kurzfristige Saisonehe während der Paarungszeit; bei der Brautwerbung anhaltendes, lautes Pfeifen und wilde Verfolgungsspiele im Wasser; Bau in Uferböschungen, Eingang meist unter Wasser.
Nahrung: Fische, gebietsweise auch Bisamratten, Wasservögel, Frösche.
Fortpflanzung: Paarungszeit II–IV, zum Teil ganzjährig; Tragzeit zwei Monate oder durch Keimruhe bis zum nächsten Frühsommer verlängert; graubehaarteJunge, die mit etwa 10 Wochen den Bau verlassen und schwimmen lernen und erst im nächsten Frühjahr die Familie verlassen.
Besonderes: Die weit spreizbaren Zehen des Fischotters sind durch Schwimmhäute verbunden. Mit den Beinen paddelt er beim Schwimmen aber nur, wenn er es nicht so eilig hat. Schwimmt er schnell, legt er die Vorderbeine an und treibt sich nur noch mit schlängelnden Bewegungen seines biegsamen Körpers und Schwanzes voran. Beim Tauchen kann er Ohren und Nasenlöcher wasserdicht verschließen.

Großbären

Braunbär, Weibchen mit Jungen

Die Bären

Die Echten Bären der Gattung *Ursus*, von denen hier die Rede ist, sind mächtige, schwere Tiere mit stämmigen Beinen, einem breiten Kopf und kleinen, runden Ohren. Die breiten Pranken tragen je fünf Zehen mit kräftigen Krallen. Lange Zeit glaubte man, Bären hielten nur eine Winterruhe. Jüngste Forschungsergebnisse aber zeigten, daß Bären durchaus »echte« Winterschläfer sind: Ihr Puls verlangsamt sich bis auf die Hälfte des Normalwertes und alle Körperfunktionen sind extrem gedrosselt. Ein winterschlafender Bär kann monatelang ohne Nahrung und Wasser auskommen. Er zehrt dann allein von seinen im Herbst angefressenen Fettpolstern.

Braunbär

Ursus arctos

Aussehen: 1,70–2,20 m groß. Schwanz kaum 10 cm lang, im Fell verborgen. Fell hellbraun bis fast schwarz, Jungbären oft mit weißlichem Halskragen.
Vorkommen: Skandinavien, Balkan, Rußland, in Mitteleuropa nur noch Restvorkommen in den Pyrenäen, Abruzzen und italienischen Alpen. Unberührte, zusammenhängende Waldgebiete.
Lebensweise: Tag- und nachtaktiv. Einzelgänger, aber bei ausreichendem Nahrungsangebot untereinander verträglich; Geburt der Jungen in der Überwinterungshöhle.
Nahrung: Allesfresser! Beeren, Baumfrüchte, Wurzeln, Triebe, mit Vorliebe Honig; Ameisen, Insektenlarven, Wassertiere,

Eisbär, das größte lebende Landraubtier

Vögel, Eier, Aas, selten auch Schalenwild oder Haustiere.
Fortpflanzung: Paarungszeit IV–VII; Tragzeit (mit Keimruhe) 6–7 Monate; 2–3 bei der Geburt blinde, taube und nur rattengroße Junge, die bis zu zwei Jahre von der Mutter geführt werden.

Eisbär
Thalarctos maritimus
Aussehen: 2–2,50 m groß. Schwanz nur 10 cm, im Fell verborgen. Fell reinweiß oder gelblich, Nase und Lippen schwarz.
Vorkommen: Inseln und Treibeis im Nordpolarmeer und angrenzende Küstengebiete.
Lebensweise: Tagaktiv. Einzelgänger; schwimmt und taucht ausgezeichnet; wandert sehr weit oder treibt Hunderte, ja sogar Tausende von Kilometern mit der Eisdrift; nur Weibchen für die Zeit der Jungenaufzucht vorübergehend seßhaft; verläßt bei Winteranfang das Treibeis, gräbt sich auf dem Festland eine Höhle im Schnee und Eis, oft auch in den gefrorenen Boden hinein.
Nahrung: Robben, Fische, Aas, in seltenen Fällen auch große Landsäugetiere wie Rentiere oder Moschusochsen, auch Haustiere; aber auch Tang, Beeren, Weidenzweige, Moos, Flechten.
Fortpflanzung: Paarungszeit III–IV; Tragzeit (mit Keimruhe) 8–9 Monate; Geburt der Jungen in der Überwinterungshöhle; 1–3 (meist zwei) winzige, blind und taub geborene Junge, die bis 1 1/2 Jahre lang gesäugt werden und über zwei Jahre bei der Mutter bleiben.

Waschbär

Waschbär bei der Nahrungssuche

Bei der Nahrungssuche tasten Waschbären oft mit ihren Händen im flachen Wasser unter Steinen oder im Schlick nach Beutetieren. Diese Beobachtung führte zu der irrigen Meinung, sie würden Nahrungsbrocken vor dem Verzehr regelrecht waschen, um sie zu reinigen.

Waschbär

Procyon lotor

Aussehen: 50–70 cm groß. Schwanz 20–30 cm. Fell graubraun, Gesicht mit schwarzweißer Maske, buschiger Schwanz mit 5–7 dunklen Ringen.

Vorkommen: Heimat Nord- und Mittelamerika; in Deutschland und Rußland planmäßig ausgesetzt sowie aus Pelzfarmen entwichen, heute im größten Teil Deutschlands verbreitet, auch in Nordwestfrankreich und den Niederlanden. Laub- und Mischwälder, Parkanlagen, stets in Gewässernähe.

Lebensweise: Nachtaktiv. Einzelgänger; klettert und schwimmt gut; Tagesaufenthalt und Jungenaufzucht in Baumhöhlen; in kalten Gebieten Winterruhe.

Nahrung: Wasserlebende Kleintiere, Insekten, Regenwürmer, Vogeleier und Nestlinge; im Herbst überwiegend Beeren, Baum- und Feldfrüchte.

Fortpflanzung: Paarungszeit I–III; Tragzeit 63 Tage; 2–5 blind und taub geborene Junge, mit sechs Monaten selbständig.

Besonderes: Ihres in der Modewelt begehrten Pelzes wegen wurden die hübschen »Einwanderer« aus Amerika einst nach Europa gebracht. 1934 setzte man zwei Pärchen im Gebiet des hessischen Edersees aus, 1945 entkamen einige Dutzend Tiere aus einer Zuchtfarm bei Berlin. Inzwischen haben sie sich in unseren Wäldern auf schätzungsweise 100 000 Exemplare vermehrt und dehnen ihr Verbreitungsgebiet noch immer in alle Richtungen aus.

Marderhund (in der Kürschnersprache »Ussurischer Waschbär« genannt)

Marderhund

Nyctereutes procyonoides
Aussehen: 60–80 cm groß. Schwanz etwa 20 cm lang, buschig. Gedrungene Gestalt, kurzbeinig; Fell lang, bräunlichgrau bis ockerbraun, schwarze Gesichtsmaske; ausgeprägter Backenbart; Ohren weitgehend im Fell verborgen.
Vorkommen: Ursprünglich Nordostasien; im europäischen Teil Rußlands eingebürgert, von dort Ausbreitung nach Finnland, Südost- und Mitteleuropa. Laub- und Mischwälder mit dichtem Unterholz, oft in Gewässernähe.
Lebensweise: Hauptsächlich nachtaktiv. Einzelgänger; schwimmt gut; bewohnt zur Jungenaufzucht und in der kalten Jahreszeit selbstgegrabene Erdbaue, lieber jedoch verlassene Fuchs- oder Dachsbaue oder natürliche Höhlen; hält in kalten Gegenden Winterruhe.
Nahrung: Allesfresser! In erster Linie Wühlmäuse und andere kleine Nagetiere, auch Vögel, Eier, Fische, Frösche, Insekten, Wurzelknollen, Früchte.
Fortpflanzung: Paarungszeit II–IV; Tragzeit 7–8 Wochen; meist 6–7 (in Ausnahmefällen bis zu 12!) Junge, die bei der Geburt blind und taub sind und ein schwarzes Fell tragen.
Besonderes: Das Verhalten des Marderhundes bei einer sich nähernden Gefahr ist für einen Wildhund ungewöhnlich. Er flüchtet nicht, sondern verharrt zunächst regungslos, fest an den Boden geschmiegt und durch seine Fellfärbung gut getarnt.

Rotfuchs

Rotfuchs, eine Fährte verfolgend

Rotfuchs, Weibchen mit Jungen

Rotfuchs

Vulpes vulpes

Aussehen: 60–90 cm groß. Schwanz 40–50 cm lang und sehr buschig. Fellfärbung sehr variabel, von gelblichrot bis fast schwarz, am häufigsten »fuchsrot«, Kehle, Brust und Bauch weißlich, Schwanz meist mit weißer Spitze.

Vorkommen: Ganz Europa (außer Island). Nahezu alle Lebensräume, vom Hochgebirge bis zur Küste, von Steppen bis zu Großstädten, überwiegend jedoch in aufgelockertem Wald und bäuerlicher Kulturlandschaft.

Lebensweise: Vorwiegend dämmerungs- und nachtaktiv. Außerhalb der Fortpflanzungszeit Einzelgänger; Streifgebiet je nach Nahrungsangebot 5–50 km^2 groß; kennzeichnet es geruchlich, indem er an markanten Stellen Urin und Afterdrüsensekret absetzt; bewohnt Erdbaue, die er von Dachsen übernimmt oder selber gräbt.

Nahrung: Kleine Säugetiere, Vögel, Insekten, Würmer, Aas, Früchte.

Fortpflanzung: Paarungszeit I–II; Tragzeit 52 Tage; meist 4–6 Junge, die blind und taub, mit dunklem, wolligem Pelz geboren werden; Männchen hilft bei der Aufzucht, indem es Beutetiere herbeiträgt; Junge mit 3–5 Monaten selbständig.

Besonderes: Vielfältige Lautäußerungen wie Kekkern, heiseres Bellen, dumpfes, schnaubendes »Wuff«, langgezogenes, helles »Wauuu« als Warnschrei für die Jungen, in der Paarungszeit lautstarkes Gebell und Geheul der Partner.

Eisfuchs beim Umfärben

Eisfüchse sind wahre Überlebenskünstler, die nichts Freßbares verschmähen. Im harten, schneereichen Polarwinter folgen sie oft Eisbären, um die Reste von deren Mahlzeiten aufzulesen. In besonderen Notzeiten fressen sie sogar den Kot von Rentieren. Trotz ihrer unglaublichen Genügsamkeit überleben viele Eisfüchse einen harten Winter nicht.

Eisfuchs im Winterfell

Eisfuchs, Polarfuchs

Alopex lagopus

Aussehen: 50–70 cm groß. Schwanz 30–50 cm lang, sehr buschig. Kleiner und hochbeiniger als der Rotfuchs, kürzere Schnauze und kleinere Ohren. Kommt in zwei Farbvarianten vor: als »Weißfuchs« im Sommer rauchgrau bis braun, im Winter reinweiß; als »Blaufuchs« auch im Winterfell einfarbig braun, hellgrau oder dunkelblaugrau.

Vorkommen: Arktische und subarktische Gebiete. Offene Tundra nördlich der Baumgrenze, Küsten und Eisflächen des Polarmeers.

Lebensweise: Tag- und nachtaktiv. Wenig scheu; außerhalb der Fortpflanzungszeit Einzelgänger; gräbt zum Teil weitverzweigte Baue; im Sommer feste Reviere, im Winter weite Wanderungen.

Nahrung: Kleine Säugetiere, Vögel, Eier, Fische, Aas, Beeren, Pilze.

Fortpflanzung: Paarungszeit III–IV; 4–12(!) Junge, die blind und taub und mit mausgrauem Fell geboren werden.

Besonderes: Im kurzen arktischen Sommer fängt der Eisfuchs überwiegend Lemminge und Wühlmäuse, geht aber auch ungeniert in menschlichen Siedlungen auf Nahrungssuche. An den Küsten lebt er von Seevögeln, angeschwemmten Fischkadavern, sogar von Seetang. Einen besonders harten, schneereichen Winter aber überleben viele Eisfüchse nicht. Durch ihre für Raubtiere ungewöhnlich hohe Nachkommenzahl werden solche Verluste jedoch im nächsten Sommer meist wieder ausgeglichen.

Heulende Wölfe

Wolf

Canis lupus

Aussehen: 1–1,60 m groß. Einem großen, massig gebauten Schäferhund ähnlich; Färbung sehr variabel, von grau über graubraun bis schwarz, Kinn und Kehle meist heller, Schwanzspitze schwarz; Augen wirken leicht zugekniffen und schräggestellt.
Vorkommen: Früher ganz Europa, heute nur noch in Osteuropa, vereinzelt in Skandinavien und in den Gebirgen Südeuropas. Ursprünglich in nahezu allen Lebensräumen, heute nur noch in unzugänglichen Bergregionen.
Lebensweise: Dämmerungs- und nachtaktiv. Lebt und jagt außerhalb der Fortpflanzungszeit in kleinen Rudeln mit meist 5–8 Tieren; kann sehr ausdauernd rennen (Hetzjäger); hochentwickeltes Sozialverhalten; im Rudel strenge Rangordnung mit festgelegter Rollenverteilung sowohl unter Männchen als auch unter Weibchen; oft lebenslange Paarbindung; für die Zeit der Jungenaufzucht zerfällt das Rudel vorübergehend; Einzelfamilie bewohnt Erdhöhle, die beide Partner graben.
Nahrung: Mittelgroße bis große Säugetiere, hauptsächlich Huftiere (auch Haustiere), bisweilen Kleintiere, Aas.
Fortpflanzung: Paarungszeit XII–III; Tragzeit 9–10 Wochen; meist 4–6 Junge, die bei der Geburt blind und taub sind und ein graubraunes Fell tragen.
Besonderes: Der Wolf ist der Stammvater aller unserer heutigen Haushunderassen, und viele Verhaltensweisen des wilden

Goldschakal

Vorfahren leben in unserem Hund weiter. Das vielfältige Bellen des Haushundes aber beschränkt sich beim Wolf auf ein kurzes »Wuffen«, das lediglich als Warnlaut dient. Dagegen heulen Wölfe laut und langgezogen. Die Rudelgefährten verständigen sich auf diese Weise über weite Entfernungen miteinander.

Goldschakal

Canis aureus

Aussehen: 70–90 cm groß. Schwanz 20–25 cm lang, buschig. Einem Wolf ähnlich, aber bedeutend kleiner; Fell fahlbraun mit schwarzem Anflug, Kehle und Unterseite weißlich, Schwanzspitze schwarz.

Vorkommen: Südosteuropa. Steppen und Niederungen mit viel Strauchdickicht, auch in Siedlungsnähe.

Lebensweise: Tag- und nachtaktiv. Jagt meist einzeln oder paarweise, selten in kleinen Rudeln; lebenslange Paarbindung; für die Zeit der Jungenaufzucht graben die Partner gemeinsam eine Erdhöhle oder erweitern einen vorgefundenen Fuchs- oder Dachsbau.

Nahrung: Kleintiere aller Art, Insekten, Aas, Beeren; als Kulturfolger auch Haustiere, Feldfrüchte, Abfälle.

Fortpflanzung: Paarungszeit I–II; Tragzeit 9 Wochen; 3–8 Junge, die blind und taub und wollig graubehaart geboren werden; verlassen mit etwa 2 ½ Monaten erstmals den Bau, ziehen zunächst aber noch mit der Mutter umher; im Herbst machen sie sich mit der Suche nach einem eigenen Revier selbständig.

Luchspaar

Die Kleinkatzen

Für den zoologischen Systematiker sind die Katzen eine ausgesprochen heikle Gruppe. Sie lassen sich nur schwer in ein verwandtschaftliches System einordnen. Vereinfachend stellt man daher den imposanten Großkatzen die zahlreichen Arten von Kleinkatzen gegenüber. Aufgrund eines anatomischen Unterschieds im Zungenbein können Kleinkatzen nicht brüllen wie Löwen oder Tiger, dafür aber beim Ein- und Ausatmen schnurren.

Katzen sind keine Hetzjäger, ihr relativ kleines Herz erlaubt kein ausdauerndes Rennen. Sie lauern auf Beute und schleichen sich dann möglichst nahe an ihr Opfer an. Mit kurzem Sprint und einem mächtigen Satz packen sie dann die Beute mit ihren scharfen Krallen.
Wenn die Katzen laufen, sind ihre Krallen in eine Hauttasche zwischen den Zehen zurückgezogen, so daß sie den Boden nicht berühren. Über einen Sehnenmechanismus, der mit einem Muskel im Unterschenkel verbunden ist, können die Krallen willkürlich »ausgefahren« werden.

Luchs

Lynx lynx
Aussehen: 80–110 cm groß. Stummelschwanz nur 15–25 cm lang. Fell gelblichgrau bis rotbraun, dunkle Fleckung variiert von sehr lebhaft bis schwach angedeutet, schwarze Schwanzspitze; ausgeprägter Backenbart; Ohrspitzen mit schwarzen Haarpinseln.
Vorkommen: Einst ganz

Luchs auf der Pirsch

Luchs bei der Fellpflege

Das Jagdrevier eines Luchses kann, abhängig vom Beuteangebot, 20–150 km² umfassen. Gewöhnlich überlappen sich die Reviere mehrerer Luchse. Die Katzen gehen einzelne Revierabschnitte an verschiedenen Tagen ab und hinterlassen dort Duftmarkierungen. Andere Luchse können daran „ablesen", wer wann hiergewesen ist, und vermeiden tunlichst eine Begegnung.

Europa, heute nur noch Skandinavien, Karpaten, Restgebiete auf der Balkanhalbinsel sowie in Osteuropa. Zusammenhängende, unterholzreiche Wälder mit eingestreuten Lichtungen und felsigen Abschnitten.
Lebensweise: Überwiegend dämmerungs- und nachtaktiv, gebiets- und zeitweise auch bei Tage unterwegs. Klettert gut, aber relativ selten; außerhalb der Paarungszeit Einzelgänger; markiert seine regelmäßigen Pfade im Jagdrevier mit Harn und Kot; Ruhe- und Wurflager in Dickichten, Windbrüchen oder Felsspalten.
Nahrung: Säugetiere von Mäusen bis Hirschkälbern, bevorzugt Rehe und Hasen; bisweilen auch Vögel.
Fortpflanzung: Paarungszeit II–III; Tragzeit etwa 10 Wochen; 2–4 Junge, die blind und taub und mit dünnem Pelz geboren werden; bleiben ein Jahr bei der Mutter.
Besonderes: Im vorigen Jahrhundert wurde der Luchs in Mitteleuropa ausgerottet. In den letzten Jahrzehnten jedoch hat man in verschiedenen Ländern seine Wiederansiedlung durchgeführt – zum Teil recht erfolgreich. Dem Menschen wird der Luchs übrigens nicht gefährlich!
Weitere Art: Der etwas kleinere und besonders lebhaft gezeichnete **Pardelluchs** (*Lynx pardinus*) war ehemals über die ganze Iberische Halbinsel bis nach Südfrankreich verbreitet. Heute kommt er nur noch in kleinen, weit zerstreuten Gebieten vor und ist unmittelbar vom Aussterben bedroht.

Wildkatze

Wildkatze

Felis silvestris

Aussehen: 50–80 cm groß. Schwanz gut 30 cm lang, buschig. Fell grau- bis gelblichbraun mit dunkler Tigerung, Unterseite häufig weißlich, Schwanz mit schwarzen Ringen und schwarzem, stumpfen Ende. Einer Hauskatze sehr ähnlich.

Vorkommen: Ursprünglich ganz Europa außer Skandinavien, Island und Irland. Wurde in Mitteleuropa im vergangenen Jahrhundert bis auf kleine Restvorkommen ausgerottet. Heute steht sie unter strengem Schutz und breitet sich langsam wieder aus, vor allem im Bereich der Mittelgebirge. Braucht größere, geschlossene Laub- und Mischwälder.

Lebensweise: Überwiegend dämmerungs- und nachtaktiv. Außerhalb der Paarungszeit Einzelgänger; jagt gewöhnlich am Boden, klettert aber auch gut; markiert Jagdrevier mit Sekreten aus verschiedenen Duftdrüsen; Lager in hohlen Baumstämmen oder Felsspalten, unter Wurzeln, manchmal auch in verlassenen Fuchs- oder Dachsbauen.

Nahrung: Überwiegend Mäuse, aber auch Vögel, Fische und kleinere Säugetiere (bis etwa Hasengröße).

Fortpflanzung: Paarungszeit II–III; Tragzeit 63–68 Tage; 2–6 Junge, die blind und taub geboren werden und ein dünnes, gelbliches Fell mit dunklen Tupfen tragen; werden mit 3–4 Monaten selbständig, jagen aber noch geraume Zeit gemeinsam mit der Mutter, die eine geduldige Lehrerin ist.

Schleichkatzen

Ginsterkatze

Manguste

**Die Ginsterkatze (Bild links) kann hervorragend klettern, an Baumstämmen sogar kopfabwärts.
Die Manguste (Bild oben) dagegen ist ein reines Bodentier. Sie hat ihr Ruhelager in Erdhöhlen oder Felsspalten.**

Die Schleichkatzen

Entgegen ihrem Namen gehören Schleichkatzen nicht zu den Katzen. Sie sind eine stammesgeschichtlich sehr alte Gruppe, deren nächste Verwandte die Hyänen sind. Auf der Pirsch dagegen machen Schleichkatzen ihrem Namen alle Ehre: Sie schleichen absolut lautlos. Beim Beutefang und Kampf sind sie zu blitzschnellen Sprüngen und Drehungen befähigt. Die meisten Arten sondern aus Afterdrüsen ein übelriechendes Sekret ab.

Ginsterkatze

Genetta genetta

Aussehen: 40 – 55 cm groß. Schwanz fast körperlang, mit schwarzen Ringeln. Fell mit Längsreihen schwarzer Flecke.
Vorkommen: Iberische Halbinsel, Südfrankreich, Balearen. Trockene Savanne, offener Buschwald.
Lebensweise: Nachtaktiv. Einzelgänger.
Nahrung: Kleintiere, vorwiegend Mäuse und andere Nagetiere.
Fortpflanzung: Paarungszeit II–III und VII–VIII.

Manguste, Ichneumon

Herpestes ichneumon

Aussehen: 50 – 60 cm groß. Schwanz gut 40 cm lang. Fell drahtig, graubraun gesprenkelt; Beine kurz, Schnauze spitz.
Vorkommen: Südliches Spanien und Portugal. Dichtes Buschland, felsiges Gelände.
Lebensweise: Tagaktiv; meist Einzelgänger.
Nahrung: Kleintiere bis etwa Rattengröße, häufig Schlangen und Eidechsen, auch Eier und Früchte.
Fortpflanzung: Paarungszeit III–IV und VII–VIII.

Kennfarbe Braun

Huftiere

Wir fassen in diesem Abschnitt zwei Tierordnungen zusammen, die nicht unmittelbar miteinander verwandt sind, sich aber in der Ausbildung ihrer Gliedmaßen und weitgehend auch in ihrer Lebensweise ähneln: die Paarhufer und die Unpaarhufer.
Lange, schlanke Beine und harte Hufe machen die Huftiere zu schnellen, ausdauernden Läufern. Die Paarhufer (Schweine, Hirsche und Hornträger) treten dabei auf den Spitzen der 3. und 4. Zehe auf. Die beiden Hufe, die man auch als Klauen bezeichnet, sind gegeneinander beweglich und spreizen sich in den Untergrund ein. Daher können viele Paarhufer auch in felsigem oder steilem Gelände trittsicher klettern.
Bei den Unpaarhufern (Pferd) ruht das Gewicht des Körpers auf der mächtig entwickelten 3. Zehe, die übrigen sind rückgebildet.
Viele Huftiere werden heute in Wildgehegen oder großen Parks gehalten und sind auch den Naturfreunden in der Stadt keine Unbekannten mehr.

Wildschweine leben am liebsten in lichten Wäldern mit flachen Wasserläufen, Wiesen und Sumpfgebieten. Sie können sehr gut schwimmen und lieben es, sich ausgiebig im Morast zu suhlen.

Schweine

Männliches Wildschwein (in der Jägersprache »Keiler« genannt) beim Trinken

Die Schweine

Typisches Kennzeichen für die Schweine ist ihre lange, bewegliche Schnauze, die in einer unbehaarten, knorpeligen Rüsselscheibe endet. Sie durchwühlen damit den Boden nach Freßbarem. Dabei lassen sie sich von ihrem ungeheuer feinen Geruchssinn leiten. Das weitgehend unspezialisiertes Gebiß weist die Schweine als Allesfresser aus, die sich gleichermaßen an Pflanzen- wie an tierischer Kost gütlich tun. Im Gegensatz zu Hirschen und Hornträgern sind Schweine aber keine Wiederkäuer.

Schweine sind gesellige Tiere, die in Familiengruppen, in der Jägersprache Rotten genannt, leben. Unter den Huftieren sind es die einzigen, die regelmäßig mehr als ein oder zwei Junge bekommen. Dabei sind Schweinemütter eher passive Mütter, die ihre Jungen weder nach der Geburt trockenlecken noch späterhin säubern. Die kleinen Schweinchen sind wie alle Huftierjungen »Nestflüchter«, die schon wenige Stunden nach der Geburt stehen und laufen können. Allerdings sind sie in den ersten Lebenstagen sehr wärmebedürftig. In ihrem Geburtsnest wärmen sie sich eng aneinandergekuschelt gegenseitig oder an Mutters Bauch.

Wildschwein

Sus scrofa

Aussehen: 1,10–1,70 m groß. Schwanz 20–30 cm lang. Massiger Körper mit großem, keilförmigem Kopf. Fell borstig, im Winter mit dichter Unterwolle, schwarzbraun bis ocker-

Schweine

Wildschwein, Weibchen (Bache) mit Jungen (Frischlingen)

farben, Jungtiere mit dunkler Längsstreifung; Ohren stark behaart, stehend; beim erwachsenen Männchen lange, außen sichtbare Eckzähne.
Vorkommen: Ganz Europa außer Skandinavien und Island (auf den Britischen Inseln in geschichtlicher Zeit ausgerottet). Laub- und Mischwälder mit Wiesen und Sumpfgebieten, im Gebirge bis zur Baumgrenze, als Kulturfolger auch im Forstwald.
Lebensweise: Im Sommer überwiegend dämmerungs- und nachtaktiv, im Winter dagegen meist tagaktiv; verschläft die kalte Nacht eng beieinanderliegend in einer Bodenmulde. Lebt gesellig in Familienverbänden, erwachsene Männchen außerhalb der Paarungszeit Einzelgänger.
Nahrung: Allesfresser! Wurzeln, Knollen, gern Eicheln und Bucheckern, Feldfrüchte, Kräuter, Würmer, Insekten, Vogeleier, Nagetiere, Aas.
Fortpflanzung: Paarungszeit XI–I; Tragzeit 4–5 Monate. Zur Geburt scharrt Weibchen eine Kuhle und polstert sie mit Gras und Zweigen aus; meist 4–6 (in Ausnahmefällen bis 12) Junge, die nach wenigen Tagen das Wurflager verlassen und der Mutter folgen.
Besonderes: Kommt in zahlreichen Unterarten in Europa und Asien vor, wurde als Jagdwild auch nach Amerika gebracht. Größe und Gewicht der Tiere nehmen von wärmeren nach kälteren Gebieten deutlich zu. Ein Wildschwein aus den Karpaten etwa kann fünfmal schwerer werden als zum Beispiel eines aus Sardinien.

Hirsche

Rothirschrudel im Winter

Die Hirsche

Bei den Hirschen unterscheiden sich die Geschlechter in der Regel deutlich voneinander. Die Männchen sind nicht nur um einiges größer und schwerer als die Weibchen, sondern tragen auch ein Geweih. (Eine Ausnahme macht das Rentier, bei dem beide Geschlechter ein Geweih tragen.) Im Gegensatz zu den Hörnern von Rindern, Ziegen und anderen Hornträgern wird ein Hirschgeweih alljährlich abgeworfen und durch ein neues ersetzt. Schon nach wenigen Wochen haben sich an der Stelle der alten Geweihstangen neue, kolbenartige Knospen gebildet. Sie sprießen aus Knochenzapfen des Stirnbeins und sind von einer dicken Haut mit samtartiger Behaarung, die man Bast nennt, überzogen. Im Bast verlaufen Nerven sowie Blutgefäße, die das zunächst noch weiche Geweih während des Wachstums mit Blut versorgen. In rund 100 Tagen wachsen die Geweihstangen zusehends heran. Die Größe und Form des Geweihs ist vom Alter des Hirsches, von seinem Ernährungszustand, aber auch von seiner sozialen Stellung abhängig. Rechtzeitig zur Brunftzeit ist das neue Geweih schließlich fertig und erhärtet. Dann trocknet der Bast ein und löst sich in blutigen Fetzen vom absterbenden und daher unempfindlichen Geweihknochen. Um den Bast rasch loszuwerden, reibt der Hirsch nun sein Geweih an Ästen und Baumstämmen, man sagt, er »fegt«.

Hirsche

Rothirsch in der Brunft

Rothirschkuh mit Kalb

In Mitteleuropa hat der Rothirsch heute praktisch keine natürlichen Feinde mehr. Konnten ihm früher noch Wolf und Luchs gefährlich werden, muß heute ausschließlich der Jäger die Rotwildbestände kontrollieren.

Rothirsch

Cervus elaphus

Aussehen: 1,70–2,50 m groß. Schwanz 12–15 cm lang. Fell im Sommer rotbraun, im Winter graubraun, Afterfeld (Spiegel) gelblich, Männchen zur Brunftzeit und im Winter mit starker Halsmähne, Jugendkleid mit weißen Tupfen; vollentwickeltes Geweih breit ausladend und stark verzweigt, oft 12–14, in seltenen Fällen über 20 Enden.

Vorkommen: Ganz Europa außer Island, Nordskandinavien, Sizilien, den Balearen, der Peloponnes und Kreta. Laub- und Mischwälder, Bergwälder bis zur Baumgrenze, Auwälder, Parks.

Lebensweise: Überwiegend dämmerungs- und nachtaktiv. Ausdauernder, schneller Läufer, springt und schwimmt gut; suhlt sich gern; Weibchen leben zusammen mit Jungtieren in Rudeln, Männchen außerhalb der Brunftzeit in Junggesellentrupps oder als Einzelgänger.

Nahrung: Gräser und Kräuter, Laub, Baumtriebe und -früchte, Rinde, aber auch Feldfrüchte.

Fortpflanzung: Paarungszeit IX–X; Tragzeit knapp acht Monate; ein Junges (Zwillinge selten), das 8–9 Monate gesäugt wird und ein Jahr bei der Mutter bleibt.

Besonderes: Zur Brunftzeit lassen die rivalisierenden Männchen ein weithin hörbares Röhren erschallen. Sie kennzeichnen damit akustisch »ihren« Brunftplatz. Rivalenkämpfe laufen gewöhnlich als geregelte Turnierkämpfe ab, es kommt selten zu ernsthaften Verletzungen.

Hirsche

Damhirsch, besonders dunkles Exemplar

Damhirsche, besonders helle Exemplare

Während der letzten Eiszeit in Europa ausgestorben, brachten die Phönizier und später die Römer den Damhirsch aus Kleinasien, wo er überlebt hatte, in die europäischen Mittelmeerländer zurück. Im Mittelalter wurde er dann als Jagdwild auch in West- und Mitteleuropa eingebürgert. Unter der jahrhundertelangen menschlichen Hege konnten sich eine ganze Reihe verschiedener Farbschläge ausbilden, von fast schwarzen Tieren über fahlbraune bis zu Weißlingen.

Damhirschkuh mit Kalb

Damhirsch

Dama dama

Aussehen: 1,30–2,30 m groß. Schwanz 15–20 cm lang. Fell im Sommer rotbraun mit weißer Fleckenzeichnung, im Winter graubraun, Fleckung undeutlich oder gar nicht zu sehen; Männchen mit vielendigem Schaufelgeweih.
Vorkommen: Fast ganz Europa (außer Island und Nordskandinavien). Laub- und Mischwälder im Flachland, offene Parklandschaften.
Lebensweise: Überwiegend dämmerungsaktiv. Weibchen leben zusammen mit Jungtieren in großen Rudeln, Männchen außerhalb der Paarungszeit in kleineren Trupps; im Herbst heftige Kämpfe der Männchen um die Weibchen.
Nahrung: Gräser, Kräuter, Baumfrüchte, im Winter auch Rinde.
Fortpflanzung: Paarungszeit X–XI; Tragzeit 7 ½ Monate; ein Junges (selten Zwillinge), das 6–9 Monate gesäugt wird und ein Jahr bei der Mutter bleibt.
Besonderes: Die Brunftrufe des Damhirsches erinnern entfernt an ein Rülpsen oder Husten. Bei Konflikten können die Hirsche die Körperkraft des Gegners schon an der Mächtigkeit seines Geweihs abschätzen, und so kommen Kämpfe zwischen sehr ungleichen Gegnern in der Regel gar nicht erst zustande.

Axishirsch

Axis axis

Aussehen: 1,10–1,40 m groß. Schwanz 20–30 cm lang. Fell rotbraun mit weißer Fleckenzeichnung, weißer Kehlfleck, Bauch

Hirsche

Axishirsch

Weibliche Sikahirsche

Sikahirsch im Winterfell

Während den aus Ostasien eingebürgerten Sikahirschen (Bilder rechts) unser europäischer Winter nicht allzu viel ausmacht, kommen die ziemlich kälteempfindlichen Axishirsche (Bild oben) in rauheren Lagen nicht ohne menschliche Hilfe über den Winter.

und Beininnenseiten weiß; Stangengeweih der Männchen meist mit sechs Enden.
Vorkommen: Aus Vorderindien stammend, in Europa an einzelnen Stellen eingebürgert. Laubwälder, Flußauen, Parklandschaften, gern in Wassernähe.
Lebensweise: Dämmerungs-, aber auch tagaktiv. Schwimmt gut, flüchtet oft ins Wasser; lebt in großen, gemischten Rudeln, nur alte Männchen meist als Einzelgänger.
Nahrung: Gräser, Kräuter, Laub.
Fortpflanzung: Paarungszeit individuell verschieden, übers Jahr verteilt; Tragzeit gut sieben Monate; 1–2 Junge, deren Entwicklung wie beim Damhirsch.

Sikahirsch

Cervus nippon
Aussehen: 1–1,50 m groß, also deutlich kleiner als der Rothirsch. Schwanz 15–20 cm lang; Sommerfell rotbraun, gelblichweiß gefleckt, Winterfell graubraun, nicht oder nur ganz schwach gefleckt; Geweihstangen höchstens mit drei oder vier Enden.
Vorkommen: In West-, Mittel- und Osteuropa an vielen Stellen aus Japan und Nordostchina eingebürgert. Laub- und Mischwälder, große Parkanlagen.
Lebensweise: Tag- und nachtaktiv. Weibchen leben mit den Jungtieren in Rudeln, Männchen als Einzelgänger oder in kleinen Trupps.
Nahrung: Gräser, Kräuter, Zweige, Baumfrüchte, Beeren.
Fortpflanzung: Ähnlich wie beim Damhirsch.

Rehgeiß mit Kitz

Reh

Capreolus capreolus

Aussehen: 1–1,40 m groß. Stummelschwanz nur 3 cm lang, verschwindet meist im Fell. Färbung im Sommer rotbraun, im Winter graubraun, »Spiegel« am Hinterteil weiß; Kitz mit weißer Fleckenzeichnung; Männchen mit zumeist sechsendigem Geweih; Geweihabwurf X, Neubildung ab XI, »Fegen« des fertigen neuen Geweihs IV/V.

Vorkommen: Ganz Europa außer Irland, Island, Nordskandinavien und den Mittelmeerinseln. Laub- und Mischwälder mit Buschdickichten und Lichtungen, Waldränder, Flußauen, Felder, Parklandschaften, selbst in großen Parks mitten in der Großstadt.

Lebensweise: Überwiegend dämmerungsaktiv; läuft schnell, aber wenig ausdauernd; springt und schwimmt gut; lebt im Winter in lockeren Gruppenverbänden von 3–30 Tieren. Im Frühjahr lösen sich die Rudel auf, und Böcke wie Geißen besetzen jeder für sich ein eigenes Wohnrevier. Rehböcke markieren die Grenzen ihres Territoriums, indem sie das Sekret einer Stirndrüse an dünne Baumstämme und Zweige reiben. Sie lassen während der Brunft ein heiseres Bellen hören.

Nahrung: Laub, Knospen, Kräuter, Feldfrüchte; wählt »naschhaft« stets besonders nahrhafte Pflanzen und Pflanzenteile aus, um nicht unnötig viel schwerverdauliche Ballaststoffe aufzunehmen.

Fortpflanzung: Paarungszeit VII–VIII; Tragzeit sie-

Rehbock mit sprießendem Bastgeweih

Rehbock beim Markieren des Reviers

Das Reh besiedelt die unterschiedlichsten Lebensräume. Vielerorts ist es zum Siedlungsfolger des Menschen geworden. Aufgrund seiner hohen Anpassungsfähigkeit und durch gezielte jagdliche Hege gibt es heute in Deutschland mehr Rehe als jemals zuvor, – und dies trotz der Gefährdung durch den Straßenverkehr.

Flüchtendes Rehrudel (deutlich sichtbar die weißen »Spiegel«)

ben Monate (von einer Keimruhe unterbrochen); 1–2 Junge; werden 2–3 Monate gesäugt und sind mit einem Jahr selbständig.

Besonderes: Rehe tragen um den After einen fast kreisrunden weißen Fleck im Fell, den »Spiegel«. Er schließt den fast nicht sichtbaren Stummelschwanz mit ein. Im Sommer ist der Spiegel leicht gelblich verfärbt, im Winterfell jedoch leuchtendweiß und deutlich größer. Als auffälliges Signal ist er für den Zusammenhalt des Rudels von Bedeutung. Auf der Flucht orientieren sich ein Reh nämlich an diesem »Rückstrahler« des vor ihm laufenden Artgenossen. Besonders wichtig ist dies im Winter, wenn die Rehe in größeren Gruppen leben.

Rehkitze begleiten in den ersten Lebenswochen ihre Mutter noch nicht, sondern bleiben allein im Gebüsch oder hohen Gras liegen (»Ablieger«). Die Mutter sucht sie nur zum Säugen auf. Neugeborene Rehkitze halten sich nicht nur ganz still, sondern haben auch noch keinen eigenen Geruch an sich, so daß selbst Jagdhunde in einigen Metern Entfernung daran vorbeilaufen, ohne sie zu bemerken. Berührt man ein zufällig aufgefundenes Rehkitz jedoch oder hebt es gar hoch, haftet ihm der menschliche Geruch an, und viele Mutterrehe fürchten sich dann vor dem eigenen Jungen und lassen es nicht mehr saugen. Darum: Hände weg von abliegenden Rehkitzen! Sie sind nicht verlassen, die Mutter ist ganz in der Nähe.

Hirsche

Elchbulle

Elchkuh mit Kalb

Elch bei der Nahrungssuche

Bei der Futtersuche ist ein Elch recht wählerisch. Er meidet das nährstoffarme Gras und bevorzugt statt dessen eiweißreiche Knospen und Triebe. Im Sommer frißt er besonders gern Wasserpflanzen, nach denen er sogar bis zu fünf Meter tief taucht.

Elch

Alces alces

Aussehen: 2–2,90 m groß, Schulterhöhe 1,50–2,10 m. Stummelschwanz, der praktisch im Fell verschwindet. Fell schwarzbraun, Junges rostbraun, ohne Fleckenzeichnung; Kopf pferdeartig lang, Oberlippe breit und überhängend; Bulle mit meist schaufelförmigem Geweih.
Vorkommen: Skandinavien, Nordosteuropa. Laub- und Mischwälder mit Gewässern und Sumpfgebieten.
Lebensweise: Tag- und nachtaktiv. Streift weit umher, schwimmt gut; Einzelgänger.
Nahrung: Im Sommer krautige Pflanzen, Laub, Triebe, Wasserpflanzen; im Winter Zweige, Nadeln, Baumrinde.
Fortpflanzung: Paarungszeit IX–X; Tragzeit 8 1/2 Monate; 1–2 Kälber, die der Mutter wenige Stunden nach der Geburt bereits folgen können, 3–4 Monate gesäugt werden und mindestens ein Jahr bei der Elchkuh bleiben.
Besonderes: Das ausladende Schaufelgeweih macht den Elch unverwechselbar. Allerdings ist nicht jeder Elchbulle ein »Schaufler«. Jungbullen bis zum 5. Lebensjahr entwickeln nur Stangengeweihe, und immer wieder gibt es auch ausgewachsene Elche, die keine Schaufeln ausbilden, sondern »Stangler« bleiben. Elche haben flache, weit spreizbare Hufe und große Nebenhufe. Dadurch wird die Trittfläche entscheidend vergrößert, und die schweren Tiere sinken in sumpfigem Gelände oder im Schnee nicht so weit ein.

Rentier auf der Sommerweide

Ren, Rentier

Rangifer tarandus

Aussehen: 1,80–2,20 m groß. Dichtbehaarter Schwanz 10–20 cm lang. Sommerfell braun, Winterfell hellbraun bis weißlich, oft hellgraue Halsmähne, Junge ohne Fleckenzeichnung; beide Geschlechter mit Geweih, das des Weibchens aber meist kleiner.
Vorkommen: Arktische Zone. Offene Tundra, Waldtundra, im Gebirge bis 2500 m Höhe.
Lebensweise: Tagaktiv. Bildet meist kleine Gruppen, im Winter oft Herden über 1000 Tiere, alte Männchen meist Einzelgänger; zur Brunftzeit beansprucht und verteidigt das Männchen ein Haremsrudel von bis zu 20 Weibchen.
Nahrung: Gras, Kräuter, frische Triebe, Laub, Flechten, Pilze.
Fortpflanzung: Paarungszeit IX–XI; Tragzeit 7–8 Monate; gewöhnlich nur ein Kalb, das vom ersten Tag an laufen kann und mindestens ein Jahr bei der Mutter bleibt.
Besonderes: Den Zugvögeln vergleichbar wandern die Rentiere im Rhythmus der Jahreszeiten zwischen Sommer- und Winterrevieren hin und her. Im Frühjahr ziehen sie aus dem Wald, wo sie vor strengem Frost und Winterstürmen Schutz suchten, auf die baumlosen Weideflächen der Tundra, die 500–1000 km entfernt sein können. Lappen (Samen), Finnen und sibirische Volksstämme halten seit Jahrhunderten und auch heute noch domestizierte Rentiere als Fleisch-, Leder- und Milchlieferanten.

Gemsbock im Winterfell

Die Hornträger

Das entscheidende Kennzeichen dieser Familie sind ihre Stirnwaffen. Zu den Hornträgern zählt man alle wiederkäuenden Paarhufer, die, zumindest im männlichen Geschlecht, Hörner tragen.
In ihrem Aufbau unterscheiden sich Hörner grundlegend von Geweihen: Hörner bestehen aus Knochenzapfen, die sich beim jungen Tier unter der Stirnhaut entwickeln und bald mit dem Stirnbein des Schädels fest verwachsen. Die darüberliegende Haut verhornt und bildet eine dicke, hohle Hornscheide um den knöchernen Kern. Anders als die Geweihe der Hirsche werden Hörner nicht alljährlich abgeworfen und wieder neu gebildet, sondern wachsen zeitlebens von ihrer Basis her weiter, bei alten Tieren jedoch meist nur noch wenige Millimeter im Jahr. Charakteristisch ist auch das Gebiß der Hornträger: Im Oberkiefer haben sie weder Schneide- noch Eckzähne, dafür eine derbe Schleimhaut, die mit verhornten Querleisten besetzt ist. Beim Abbeißen wird die Nahrung mit der Zunge oder den unteren Zähnen gegen diese Platte gedrückt.
Bei den meisten Hornträgern sind die Weibchen kleiner und leichter als die männlichen Tiere.

Gemse

Rupicapra rupicapra
Aussehen: 1,10–1,30 m groß. Schwänzchen 3–8 cm lang. Sommerfell hellrötlichbraun mit schwarzem Aalstrich am Rücken und schwarzen Beinen, Winterfell schwarzbraun, schwarz-

Hornträger

Gemse, Weibchen mit Jungem (Kitz)

weiße Gesichtszeichnung; beide Geschlechter mit hakenförmig nach hinten gekrümmten Hörnern.
Vorkommen: Hochgebirgszüge Mittel-, Ost- und Südeuropas, in vielen europäischen Mittelgebirgen eingebürgert. Im Sommer Matten und Geröllfelder oberhalb der Baumgrenze, im Winter hochgelegene Bergwälder.
Lebensweise: Tagaktiv. Klettert und springt ausgezeichnet; liegt zum Ruhen und Wiederkäuen gern an einem guten »Aussichtspunkt«; lebt in Rudeln, ältere Männchen außerhalb der Paarungszeit als Einzelgänger.
Nahrung: Gräser, Kräuter, Laubblätter, Nadelbaumtriebe, auch Rinde, Flechten, Moose.
Fortpflanzung: Paarungszeit X–XII; Tragzeit rund sechs Monate; ein Junges (selten Zwillinge), das wenige Stunden nach der Geburt der Mutter folgen kann, sechs Monate gesäugt wird und meist ein Jahr bei der Mutter bleibt.
Besonderes: Bemerkt eine Gemse eine drohende Gefahr, warnt sie die übrigen Rudelmitglieder durch schrille Pfiffe.
Die Hufe der Gemsen sind in besonderer Weise den Anforderungen des Felskletterns angepaßt: Ihre Sohlenflächen sind verhältnismäßig weich und schmiegen sich wie Gummi dem Untergrund an. Die Ränder der Hufe sind dagegen so hart, daß sie kaum abgenutzt werden und daher als Leisten etwas vorstehen. Sie verkanten sich beim Klettern im Gestein wie Steigeisen und geben so der Gemse besonderen Halt.

Alpensteinbock, kapitales Männchen

Alpensteinbock

Capra ibex ibex

Aussehen: 1,10–1,45 m groß. Schwanz nur 12–15 cm lang. Fell im Sommer fahlbraun, bei Weibchen und Jungtieren graubraun, im Winter grau; Hörner nach hinten gebogen, beim Männchen bis einen Meter lang, beim Weibchen bis 40 cm lang.
Vorkommen: Alpen. Hochgebirge, Fels und Mattenregion oberhalb der Baumgrenze.
Lebensweise: Tagaktiv. Klettert in den Felsen sehr sicher und springt gut; außerhalb der Brunftzeit Männchen und Weibchen in getrennten Rudeln von bis zu 30 Tieren.
Nahrung: Kräuter, Gras, Triebe von Sträuchern.
Fortpflanzung: Paarungszeit XII–I; Tragzeit 5 ½ Monate; ein Junges (selten Zwillinge), das schon nach wenigen Tagen der Mutter auch in Steilhängen folgen kann und bis zum Herbst gesäugt wird; weibliche Jungtiere bleiben meist im Mutterrudel, junge Böcke bilden mit 2–3 Jahren »Halbstarkenrudel«.
Besonderes: In der Volksmedizin galten seit dem Mittelalter Hörner, Blut, Magensteine (»Bezoare« genannt, beim Lecken verschluckte Haare, die mit Harz und Pflanzenfasern steinharte Kugeln bilden) und Herzknorpel des Steinbocks als Wundermittel gegen eine Vielzahl von Krankheiten und Gebrechen. Deshalb wurde der Steinbock von Jägern und Wilddieben beinahe ausgerottet. Anfang des 19. Jahrhunderts gab es nur noch etwa 50 Alpensteinböcke. Dank strenger Schutz-

Iberischer Steinbock, Männchen

Bezoarziege, Weibchen

Bezoarziege, Männchen

maßnahmen konnte er sich aber wieder gut vermehren, und heute wird der Bestand der Alpensteinböcke wieder auf mehr als 20 000 Stück geschätzt.
Weitere Art: In den Pyrenäen, der Sierra Nevada und den zentralspanischen Hochgebirgen lebt der **Iberische Steinbock** *(Capra pyrenaica)*. Seine Hörner drehen sich leierartig nach außen und häufig an den Spitzen wieder aufwärts. Die Weibchen tragen nur etwa 20 cm lange Stummelhörner.

Bezoarziege
Capra aegagrus
Aussehen: 1,20–1,50 m groß. Schwänzchen 15–20 cm lang. Fell rötlich- bis graubraun, dunkelbrauner Aalstrich, beim Bock außerdem Schulterstreifen, Beine schwarzweiß »gestiefelt«; Hörner säbelförmig nach hinten gekrümmt, an der Vorderkante mit scharfem Kiel, beim Bock bis 1,30 m lang, beim Weibchen nur 20–30 cm.
Vorkommen: Griechische Inseln, Vorderasien. Gebirgsgürtel zwischen 1200 und 2200 m Höhe; steile, felsige Hänge mit bewaldeten oder strauchigen Gebieten.
Lebensweise: Tag- und dämmerungsaktiv. Klettert sehr sicher in den Felsen; außerhalb der Brunftzeit Böcke und Geißen in getrennten, kleinen Rudeln, alte Böcke Einzelgänger.
Nahrung: Gräser, Kräuter, Triebe von Bäumen und Sträuchern.
Fortpflanzung: Paarungszeit X–XI; 1–2 Junge, die schon nach wenigen Tagen der Mutter auch in schwierigem Gelände folgen können.

Mufflongeiß mit säugendem Kitz

Mufflonwidder

Mufflonkitz

Der ursprünglich aus Korsika und Sardinien stammende Mufflon ist die Stammform unserer europäischen Hausschafrassen. Wenn Mufflonwidder miteinander kämpfen, hört man es oft kilometerweit schallen: nach einem kurzen Anlauf krachen sie mit voller Wucht mit der Basis ihres Gehörns zusammen.

Mufflon

Ovis orientalis (ammon) musimon

Aussehen: 1,10–1,30 m groß. Schwänzchen 5–10 cm lang. Kurzhaariges, glattes Fell, beim Widder rötlichbraun mit weißlichem Sattelfleck, Weibchen rotbraun bis fahlgrau; Widder mit stark gekrümmten Hörnern, Weibchen mit kurzen, leicht nach hinten gebogenen Hörnern oder hornlos.
Vorkommen: Urheimat Korsika und Sardinien, seit dem 18. Jahrhundert als Park- und Jagdwild in vielen Ländern Mittel- und Südeuropas eingebürgert. Ursprünglich in trokkenen, steinigen Gebirgslandschaften, eingebürgert auch in Laub- und Mischwäldern.
Lebensweise: Tag- und dämmerungsaktiv. Lebt in Rudeln, die von alten Weibchen geführt werden; Widder außerhalb der Brunftzeit in »Männertrupps«.
Nahrung: Gras, Kräuter, frisches Laub, Baumfrüchte, Rinde.
Fortpflanzung: Paarungszeit XI–XII; ein Lamm (selten Zwillinge), das der Mutter bereits nach wenigen Stunden folgt; wird 4–5 Monate gesäugt.
Besonderes: Bei der Einbürgerung als Jagdwild hat man den Mufflon häufig mit Hausschafen gekreuzt, um ein höheres Wildbretgewicht und größere Trophäen zu erzielen. Mufflonlämmer kommen mit einem wolligen Fell zur Welt, werden nach dem ersten Haarwechsel aber glatthaarig. Bleibt das wollige Fell mehr oder weniger ausgeprägt erhalten, ist dies ein deutliches Anzeichen für Hausschafblut.

Hornträger

Moschusochsen in freier Wildbahn

Moschusochse

Ovibos moschatus

Aussehen: 1,60–2,50 m groß, Schulterhöhe 1–1,30 m. Kurzer Schwanz im Fell verborgen. Fell sehr langhaarig, dunkelbraun mit hellerem Rükkensattel, Beine gelblichgrau; Hörner hakenförmig, an ihrer Basis zu Stirnplatten verbreitert.
Vorkommen: Grönland, Spitzbergen, Südnorwegen. Arktische Tundra.
Lebensweise: Tagaktiv, im Winter auch nachtaktiv (lange Polarnacht!). Meist Rudel von 10–20 Tieren, im Winter auch Herden bis zu 100 Tieren; sehr standorttreu.
Nahrung: Gräser, Kräuter, Zwergsträucher, Moose, Flechten.
Fortpflanzung: Paarungszeit VIII–X; Tragzeit etwa $8^1/_2$ Monate; nur alle 2–3 Jahre ein Kalb (Zwillinge selten), das der Mutter schon nach wenigen Stunden folgt; wird über ein Jahr lang gesäugt und mit zwei Jahren selbständig.
Besonderes: Moschusochsen sehen zwar aus wie kleine Rinder, sind aber viel näher mit den Schafen und Ziegen verwandt. Sie besitzen die längsten Haare aller wildlebenden Tiere. Am Hals und an den Körperseiten können sie bis zu 90 cm lang werden. Bei schlechtem Wetter rückt das Rudel eng zusammen und nimmt die Kälber in die Mitte. Ebenso formiert sich die Gruppe zur Verteidigung gegen Wölfe oder Eisbären, wobei die Köpfe der Alttiere nach außen weisen, so daß eine Reihe spitzer, gesenkter Hörner den Angreifer erwartet.

Wisentbulle im Gehege

Wisent

Bison bonasus

Aussehen: 2,50–3 m groß, Schulterhöhe 1,80–2 m. Schwanz 50–80 cm, mit langer Endquaste. Fell rötlich- bis ockerbraun, im Winter schwarzbraun; Kopf und Vorderkörper lang und wollig behaart; beide Geschlechter mit kurzen Hörnern, deren Spitzen nach oben und innen gekrümmt sind.
Vorkommen: Früher gemäßigte Klimazonen ganz Eurasiens, in freier Wildbahn Anfang dieses Jahrhunderts ausgerottet. Laub- und Mischwälder mit offenen Flächen und Sumpfgebieten.
Lebensweise: Tag- und nachtaktiv. Lebt in kleinen Gruppen, erwachsene Bullen meist als Einzelgänger.
Nahrung: Gräser, Kräuter, Zweige, Baumfrüchte, Rinde.
Fortpflanzung: Paarungszeit VIII–IX; Tragzeit neun Monate; alle zwei Jahre ein Kalb (Zwillinge selten), das nach wenigen Stunden laufen kann; wird sechs Monate gesäugt und ist mit einem Jahr selbständig.
Besonderes: Der Wisent ist mit seinen 500–800 Kilogramm Körpergewicht das schwerste landlebende Säugetier Europas. Glücklicherweise gab es nach der Ausrottung des Wisents in freier Wildbahn noch einige Tiere in Zoos. Die Weiterzucht verlief dort so erfolgreich, daß inzwischen eine kleine Herde im polnischen Bialowieza wiederausgesetzt werden konnte, die sich seither gut vermehrt. So wurde der mächtige Wisent sozusagen in letzter Minute vor dem Aussterben bewahrt.

Pferde

Przewalskipferde im Gehege

Urwildpferd, Przewalskipferd

Equus przewalskii

Aussehen: 2,20–2,80 m groß, Schulterhöhe 1,20–1,45 m. Fell gelblichbraun, dunkler Aalstrich am Rükken, Maul und Bauch weiß, untere Beine schwarz; schwarze Stehmähne.

Vorkommen: Ursprünglich von Westeuropa bis Zentralasien, heute freilebend nur noch Restbestände des Östlichen Steppenwildpferdes in Westchina und der Mongolei. Ebene Gras- und Waldsteppen, Halbwüsten.

Lebensweise: Tagaktiv. Schneller, sehr ausdauernder Läufer; Stuten und Fohlen leben in kleinen Familienverbänden (bis zu 20 Tiere) unter der Führung eines Leithengstes.

Nahrung: Gras, Kräuter.

Fortpflanzung: Paarungszeit meist Frühjahr; Tragzeit rund 340 Tage; ein Fohlen, das gleich nach der Geburt stehen kann.

Besonderes: Das Urwildpferd kam einst in drei verschiedenen Unterarten vor: Das mausgraue Südrussische Steppenwildpferd wurde im 18. und 19. Jahrhundert vollständig ausgerottet. Der etwas kleinere Waldtarpan ist aus Zentraleuropa schon im frühen Mittelalter verschwunden, lebte aber noch jahrhundertelang zurückgezogen in den Wäldern Polens, Litauens und im ehemaligen Preußen, bis 1814 bei Königsberg die letzten Waldtarpane erlegt wurden. Nur von der dritten Unterart, dem Östlichen Steppenwildpferd oder eigentlichen Przewalskipferd, konnten kleine Restbestände in Zentralasien überleben.

Von den Gewehrkugeln der früheren Arktisreisenden wurden die Moschusochsen beinahe ausgerottet. Nur durch strenge Schutzmaßnahmen gelang es, sie vor dem Aussterben zu bewahren.

Säugetiere schützen

Zum Thema Gefährdung der Umwelt, Aussterben von Tierarten und Vernichtung von Lebensraum (letztlich auch unseres eigenen!) erreichen uns täglich eindringliche Warnungen und »Fünf-vor-Zwölf«-Meldungen. Sie haben jedoch die fortschreitende Zerstörung der Natur bisher nicht aufhalten können, es scheint sogar, als hätten sie die Mehrzahl der Menschen eher abgestumpft. Vielfach breitet sich Resignation aus. »Was kann ich als einzelner denn schon dagegen tun?«, fragen sich viele.
Die folgenden Seiten zeigen auf, wie jeder einzelne mit einfachen Mitteln seinen Beitrag leisten kann zum Schutz unserer Tiere.

»Rettet die Wildtiere!«

So lautete nicht nur vor einigen Jahren der Slogan einer großangelegten Naturschutzaktion, die in Deutschland vom Bund für Umwelt und Naturschutz in Zusammenarbeit mit der Wildbiologischen Gesellschaft München durchgeführt wurde, es muß vielmehr ein ständiger Aufruf an die Menschen von heute bleiben. Während sich die Menschen mit ihrer Zivilisation immer weiter ausdehnen, verlieren zugleich die meisten Tiere an Boden – und das im wortwörtlichen Sinn. Wollen wir wirklich unseren Kindern und Kindeskindern nur noch einen schwachen Abklatsch dessen hinterlassen, was die Vielfalt und Schönheit der Natur einmal ausmachte? Wollen wir tatenlos und schulterzuckend zusehen, wie eine Tierart nach der anderen aus unserer Heimat verschwindet? Wir haben wahrlich bereits genug eingegriffen, wenn es darum ging, der Natur Raum für unser Leben und für wirtschaftlichen Gewinn abzuringen. Nun ist es an der Zeit – höchste Zeit, zu erhalten, was außer uns Menschen noch übrig ist.

Der Mensch greift ein

Seit jeher hat der Mensch versucht, die Umwelt nach seinen Bedürfnissen zu gestalten. Das schloß auch die Tierwelt mit ein. Er domestizierte Wildtiere und machte sie sich als Haustiere zunutze. Er brachte fremde Tierarten aus fernen Ländern nach Europa, um neues Wild erlegen zu können, das Fleisch, Pelze oder auch nur begehrte Jagdtrophäen lieferte (Bisamratte, Damhirsch, Axis- und Sikahirsch). Pelztiere hielt er in Zuchtfarmen. Daraus entwichen immer wieder einzelne Tiere. Manche davon konnten sich in der neuen Umgebung behaupten und bereichern heute die ursprüngliche europäische Säugetierwelt (Nutria, Waschbär, Marderhund).

Eine Reihe von Tieren betrachtete der Mensch aber auch als Schädlinge und verfolgte sie erbarmungslos, zum Teil bis zur Ausrottung (Ratten, Mäuse, größere Raubtiere). Die europäischen Urwildpferde und der mächtige Auerochse fielen bis zum letzten Stück den Jägern zum Opfer, die Wisente konnten gerade noch in zoologischen Gärten vor dem Aussterben bewahrt werden.

Für viele Wildtierarten scheint in unserer Industriegesellschaft einfach kein Platz mehr zu sein. Wir drängen sie mehr und mehr zurück. Dies gilt in besonderem Maße für die sogenannten Kulturflüchter wie Fischotter, Nerz, Luchs oder Wildkatze.

Anderen Tierarten wiederum hat der Mensch in seiner Kulturlandschaft neuen Lebensraum erschlossen. Als Kulturfolger halten sich Steinmarder, Feldhase, Hausmaus und einige Fledermausarten gern in der Nähe menschlicher Siedlungen oder landwirtschaftlicher Flächen auf. Ihnen, ebenso wie allen anderen Tierarten, droht jedoch heute in steigendem Maß eine neue Gefahr: die Gefährdung ihrer Gesundheit und Fortpflanzungsfähigkeit durch Luft- und Wasserverschmutzung, Chemierückstände und Schädlingsbekämpfungsmittel, mit denen unsere Umwelt vergiftet wird. Zum Glück scheint sich das Bewußtsein der Menschen in dieser Hinsicht jedoch allmählich zu ändern. Der Umweltschutzgedanke gewinnt Raum, und immer mehr Naturschutzorganisationen setzen sich auf nationaler und internationaler Ebene für die bedrohten Tierarten ein.

Zum Bild: Jäger und Wilddiebe stellten dem Alpensteinbock früher so stark nach, daß Anfang des 19. Jahrhunderts nur noch etwa 50 Tiere überlebt hatten. Dank strenger Schutzbestimmungen und engagierter Wiederansiedlungsaktionen in den verschiedensten Teilen der Alpen haben sie sich wieder gut vermehrt. Heute wird der Bestand an Alpensteinböcken wieder auf mehr als 20000 Stück geschätzt. ▶

Der tierfreundliche Garten
Viele der im Steckbriefteil vorgestellten Tiere finden sich auch im Garten ein – allerdings kaum auf kurzgeschorenem englischem Rasen oder in sterilen Koniferen-Pflanzungen. Ein Garten jedoch mit einigen unaufgeräumten Winkeln, alten Bäumen, Wildsträuchern, einem Komposthaufen, vielleicht einem Brennholzstoß, unter dem sich kleine Tiere verstecken können, wird von den verschiedensten Tieren besucht und bewohnt werden. Wenn durch geeignete Bepflanzung und gezieltes Stehenlassen von sogenannten »Unkräutern« auch noch zahlreiche Insekten angelockt werden, ist Nahrung für Fledermäuse und Insektenfresser vorhanden. Mäuse fressen Kräuter und Samen, sie wiederum sind die Beute von Wiesel und anderen kleinen Raubtieren. Bei gezielter Unordnung und Bepflanzung im Garten wird man ohne weiteres Zutun bald viele interessante Mitbewohner beobachten können. Für einige Tiere kann man aber auch ganz gezielt etwas tun:

Siebenschläfer finden sich vor allem in alten Obstgärten ein.

Igel brauchen vor allem einen ungestörten Unterschlupf zum Schlafen und Nestbauen. Am liebsten sind ihnen Häufen aus Heckenschnitt oder Herbstlaub, Holzstöße oder Kompostlegen unter die sie kriechen können. Sie nehmen aber auch gekaufte oder selbstgefertigte Nestkisten an. Bitte

Mäuse sind heimliche Mitbewohner in fast allen Gärten.

verzichten Sie darauf, Igel im Herbst einzusammeln und zum Überwintern ins Haus zu nehmen. Die Chancen, einen Igel gesund über den Winter zu bringen, sind sehr gering, und es erfordert einen hohen Zeitaufwand und viel Erfahrung.

Bilche sind auf Astlöcher oder Höhlungen in alten morschen Baumstämmen angewiesen. Nur die Haselmaus baut sich ihr Nest aus Zweigen und Gras meist selbst. In Ermangelung alter Bäume nehmen Sieben- und Baumschläfer auch gerne mit Vogelnistkästen vorlieb, die im Garten aufgehängt sind.

Fledermäuse sind nicht so leicht zufriedenzustellen. Die einen, sogenannte »Baumfledermäuse«, bevorzugen Baumhöhlen als Quartiere, die anderen, sogenannte »Hausfledermäuse«, schlafen lieber in oder an Gebäuden (auf Dachböden, hinter Fensterläden, in Mauerritzen). Wer keine alten, morschen Bäume im Garten hat, kann durch Aufhängen spezieller Fledermauskästen Sommerquartiere für Baumfledermäuse schaffen.
Hausfledermäusen sollte man einige Einflugmöglichkeiten offenhalten (Dachluken oder ähnliches). Haben sich Fledermäuse dann tatsächlich im oder am Haus eingenistet, dürfen die Tiere auf keinen Fall gestört werden!

Viele Fledermäuse schlafen tagsüber in Baumhöhlen.

Igel verkriechen sich in Laub- oder Reisighäufen.

Das Hermelin durchstreift auf seiner Jagd nach Mäusen auch Gärten.

Säugetiere schützen

Was jeder einzelne tun kann

Natürlich können Sie die verschiedenen etablierten Naturschutzorganisationen unterstützen, sowohl finanziell wie mit tatkräftigen Beiträgen. Aber auch als einzelner und im Alltag können Sie Ihren Beitrag leisten zum Schutz unserer wildlebenden Säugetiere. Das wichtigste ist, sich den Tieren gegenüber stets rücksichtsvoll zu verhalten. Wenn Sie eine Wanderung durch den Wald machen, bleiben Sie möglichst auf den Wegen und stören Sie die Tiere nicht unnötig. Besonders in Stadtnähe haben sich die meisten Wildtiere an Spaziergänger gewöhnt und reagieren gelassen auf sie – solange die Menschen auf ihren Wegen bleiben. Vor allem: lassen Sie zufällig aufgefundene Tierkinder in Ruhe! Nehmen Sie bei Waldspaziergängen auch unbedingt Ihren Hund an die Leine. Ein streunender Hund erregt nicht nur des Jägers Zorn, er schreckt vor allem die Wildtiere unnötig auf (auch wenn er gar keine Jagdabsichten hegt). Jede Störung bedeutet einen gewissen Streß für die Tiere. Und zuviel Streß ist nicht nur für uns Menschen gesundheitsschädlich.
Was das ganze Jahr über gilt, trifft in besonderem Maß in der kräftezehrenden Winterzeit zu. Denken Sie beim Wintersport nicht ausschließlich an Ihr Vergnügen, sondern auch ein wenig an die Wildtiere! Bleiben Sie auf den Pisten und Loipen und lassen sie den Tieren eine Rückzugsmöglichkeit in den Bergwald! Jede unnötige Kraftanstrengung für eine Flucht verringert nämlich die Chancen eines Tieres, mit seinen Körperreserven über einen langen Winter zu kommen. Rehe und Hirsche scheuern sich überdies nicht selten an den Läufen wund, wenn sie bei wilden Fluchten in verharschtem Schnee einbrechen.

Tierschutz im Garten

Man muß jedoch nicht erst in den Wald oder in die Berge gehen, um in Sachen Tierschutz aktiv werden zu können. Unmittelbar vor unserer Haustür, im eigenen Garten, manchmal sogar unterm eigenen Dach können wir den Wildtieren helfen (→ Seite 148/149).

Säugetiere, die im Garten leben können:

Igel, Zwerg-, Wald-, Feld-, Garten- und Hausspitzmaus, Maulwurf, Fledermäuse, Eichhörnchen, Sieben- und Baumschläfer, Haselmaus, Rötelmaus, Erdmaus, Schermäuse, Feld- und Hausmaus, Wald- und Brandmaus, Wanderratte, Steinmarder.

Tierschutz ist Artenschutz

Es ist nicht besonders sinnvoll, einzelne Tiere mit viel Aufwand zu retten, wenn zugleich die betreffende Art keinen ausreichenden Lebensraum mehr findet. Naturschutzorganisationen haben es sich daher besonders zur Aufgabe gemacht, bedrohten Tierarten wieder mehr Lebensraum zu verschaffen. Sie kaufen geeignete Areale auf und überlassen sie einfach der Natur. Auch organisierte und überwachte Wiederansiedlungsaktionen werden durchgeführt. Dadurch gibt es bei uns zum Beispiel wieder Biber, Alpensteinböcke oder Luchse auch in solchen Gegenden, wo sie zuvor schon längst verschwunden waren. Zu alledem werden laufend Forschungsarbeiten durchgeführt oder zumindest unterstützt, denn wer wirkungsvoll helfen will, muß über die Lebensweise und Bedürfnisse der Tiere genau Bescheid wissen.
Das anhaltend gestiegene Interesse der Menschen an Natur und Tieren läßt für die Zukunft unserer Mitgeschöpfe wieder hoffen. Informationen über das Tierleben, sei es in Form von Fernseh-Dokumentarsendungen oder Sachbüchern, sind heute gefragt wie nie zuvor. Und das ist gut so. Denn nur was der Mensch kennt, ist er auch bereit zu schützen.

Zum Bild: Wer einen Garten mit altem Baumbestand oder einen Obstgarten besitzt, wird möglicherweise Siebenschläfer als Mitbewohner haben, die in Astlöchern oder Höhlungen alter, morscher Bäume ihr Sommernest anlegen. In Ermangelung alter Bäume nehmen sie aber auch mit Vogelnistkästen vorlieb. ▶

Arten- und Sachregister

Halbfett gesetzte Seitenzahlen verweisen auf Farbfotos.

A

Abendsegler, Kleiner 68, **69**
Abendsegler **68**, 68, **69**
Abstammung 12
Afterdrüsen 34
Afterklauen 16
Alces alces **134**, 134
Algerischer Igel 51
Alopex lagopus **117**, 117
Alpenmurmeltier **84**, 84, **85**
Alpenspitzmaus 53
Alpensteinbock **138**, 138, **147**
Amboß 12
Apodemus agrarius **99**, 99
Apodemus flavicollis 98, **99**
Apodemus sylvaticus **98**, 98
Artenauswahl 46
Artenschutz 150
Arvicola terrestris **94**, 94
Augenstellung 16
Axis axis 130, **131**
Axishirsch 130, **131**

B

Bache 127
Bambi 40
Barbastella barbastellus **69**, 69
Bären 112
Bartfledermaus, Kleine **65**, 65
Bastgeweih **133**
Baue 30
Baumfledermäuse 149
Baummarder **8/9**, **104**, 104
Baumschläfer **90**, 90, **149**
Bechsteinfledermaus **59**, **66**, 66
Behausungen 30
Beißhemmung 37
Berglemming **95**, 95
Bestimmungstips 46
Bezoarziege **139**, 139
Biber **33**, **86**, 86
Biberburg **33**, **86**
Biberdämme **32/33**
Biber, Nordamerikanischer 87
Biberratten 87
Bilche 88, 149
Birkenmaus **101**, 101
Bisamratte **95**, 95
Bison bonasus **142**, 142
Blindmaulwurf 57
Bobak 85
Borsten 13
Brandmaus **99**, 99
Braunbär **28**, **112**, 112
Braunbrustigel 51
Braunes Langohr **70**, 70
Breitflügelfledermaus **71**, 71
Brunftfeigen 36

C

Canis aureus **119**, 119
Canis lupus **103**, **118**, 118
Capra aegagrus **139**, 139
Capra ibex ibex **138**, 138
Capra pyrenaica **139**, 139
Capreolus capreolus **132**, 132, **133**
Castor canadensis 87
Castor fiber 86, 86
Cervus elaphus **128**, **129**, 129
Cervus nippon **131**, 131
Citellus citellus **83**, 83
Citellus suslicus 83
Clethrionomys glareolus **92**, **93**, 93
Clethrionomys rufocanus **93**, 93
Clethrionomys rutilus 93
Cricetus cricetus **91**, 91
Crocidura leucodon **54**, 54
Crocidura russula **54**, 54
Crocidura suaveolens **55**, 55

D

Dachs 29, **110**, 110
Dachsbau 30
Dachsburg 31
Dama dama **130**, 130
Damhirsch **130**, 130
Demutsgeste 37
Dryomys nitedula **90**, 90
Duftmarken 34
Duftmarkierung 34
Dunenhaare 12

E

Echte Mäuse 96
Eichhörnchen 25, 29, 30, **80**, 80, **81**
Eichhörnchenkobel **31**
Eisbär **113**, 113
Eisfuchs **2/3**, **117**, 117
Elch **134**, 134
Eliomys quercinus **90**, 90
Embryo 42
Epidermis 12
Eptesicus serotinus **71**, 71
Equus przewalskii **143**, 143
Erdmaus **94**, 94
Erinaceus algirus 51
Erinaceus europaeus **50**, 50, **51**
Erinaceus europaeus europaeus 51
Erinaceus europaeus roumanicus 51
Ernährungsweisen 18
Etrusker-Spitzmaus **55**, 55
Europäischer Igel **50**, 50, **51**
Europäischer Maulwurf **57**, 57
Europäischer Nerz **108,** 108

F

Fähe 38
Familienplanung 40
Fangzähne 18, **19**
Feindvermeidung 26
Feldhamster 25, **91**, 91

Arten- und Sachregister

Feldhase 26, 39, **73**, **74**, 74, **75**
Feldmaus 42, **94**, 94
Feldmaus, Junge **42**
Feldspitzmaus **54**, 54
Felis silvestris **122**, 122
Fell 12
Ferse 14
Fischotter **13**, **111**, 111
Fledermäuse 38, **149**
Fledermauskästen 149
flehmen 16
Fleischfresser 18
Flughörnchen **82**, 82
Fosslienfunde 12
Frischling **11**, 127
Fuchs 27, **116**, 116

G
Gärkammer 20
Garten, tierfreundlicher 148
Gartenschläfer **90**, 90
Gartenspitzmaus **55**, 55
Gaumenplatte 18
Gebißformen 18
Geburt 20, 38
Geburtenkontrolle 40
Gefressenwerden 24
Gehörknöchelchen 12
Gelbhalsmaus **98**, 99
Gemse **44/45**, **137**, 137
Genetta genetta **123**, 123
Geruchskontaktband 40
Gesichtsfeld 17
Geweih 128
Ginsterkatze **123**, 123
Glattnasen 62
Gleithörnchen **82**, 82
Gliedmaßen 14
Glis glis **88**, 88, **89**
Goldschakal **119**, 119
Grabschaufeln 14
Grannenhaare 12
Graues Langohr 70
Grauhörnchen **82**, 82
Graurötelmaus **93**, 93
Großbären 112
Große Hufeisennase **60**, 60, **61**
Großes Mausohr **14/15**, **62**, **63**, 63
Gulo gulo 108, **109**

H
Haare 10, 12
Haarrinde 12
Haarwechsel 13
Halswirbel 10
Hammer 12
Hamster 25, **91**, 91
Hamsterbacken 26
Hamstern 25
Haselmaus **28**, **90**, 90
Hase 26, 39, **73**, **74**, 74, 75
Hausfledermäuse 149
Hausmaus **22/23**, **97**, 97
Hausratte **100**, 100
Hausspitzmaus **49**, 54, **55**
Hermelin 26, **106**, 106, **149**
Herpestes ichneumon **123**, 123
Hirsche 128
Hirschkalb **40**
Hörnchen 80
Hörner 12
Hornträger 136
Huf 16
Hufeisennase, Große **60**, 60, **61**
Hufeisennase, Kleine **61**, 61
Hufeisennasen 60
Huftiere 125
Hundeartige Raubtiere 115
Hüpfmäuse 101

I
Iberischer Steinbock **139**, 139
Ichneumon **123**, 123
Igel 37, **50**, 50, **51**, 148, **149**
Igel, Europäischer **50**, 50, **51**
Igel, Algerischer 51
Igelkiste 148
Iltis **6**, **108**, 108
Insektenfressergebiß 18
Isolierschicht 28

J
Jacobsonsches Organ 17
Järv 108, **109**
Jungfüchse **40**

K
Kämpfe 37
Kaninchen 74
Kaninchenbau 30
Katzenartige Raubtiere 120
Keiler **126**
Keimruhe 42
Kennfarben-Code 46, vordere Klappe
Keratin 12
Klauen 16
Kleinbären 114
Kleine Bartfledermaus **65**, 65
Kleine Hufeisennase **61**, 61
Kleiner Abendsegler 68, **69**
Kleines Mausohr 63
Kleinkatzen 120
Kobel 30
Kommunikationsmittel 34
Konflikte 37
Körperkreislauf 10
Körpertemperatur 10, 29
Krucken 36

L
Langfußfledermaus 66
Langohr, Braunes **70**, 70
Langohr, Graues 70
Langschwanzmäuse 96
Lemmus lemmus **95**, 95
Lepus europaeus **73**, **74**, 74, **75**
Lepus timidus **76**, 76
Luchs **120**, 120, **121**, **158/159**
Lungenkreislauf 10
Lutra lutra **11**, **111**
Lynx lynx **120**, 120, **121**, **158/159**
Lynx pardinus 121

M
Magen 120
Mähnenhaare 13
Manguste **123**, 123
Marder 104
Marderhund **115**, 115
Marmota bobak 85
Marmota marmota **84**, 84, **85**
Martes foina **105**, 105
Martes martes **104**, 104

Arten- und Sachregister

Maulwurf **14**, 31, **57**
Maulwurf, Europäischer **57**, 57
Mäuse, Echte 96
Mäusejahre 42
Mausloch 30
Mausohr, Großes **14/15**, **62**, **63**, 63
Mausohr, Kleines 63
Mauswiesel **107**, 107
Meles meles **110**, 110
Micromys minutus **96**, 96, **97**
Microtus agrestis **94**, 94
Microtus arvalis **94**, 94
Milchdrüsen 10
Milchzähne 12
Mopsfledermaus **69**, 69
Moschusochse **141**, 141, **144/145**
Mufflon **16**, **140**, 140
Murmeltier 29, **84**, **85**
Mus musculus **97**, 97
Muscardinus avellanarius **90**, 90
Mustela erminae **106**, 106
Mustela eversmanni **108**, 108
Mustela lutreola **108**, 108
Mustela nivea **107**, 107
Mustela putorius **108**, 108
Mutterkuchen 20
Myocastor coypus **87**, 87
Myotis bechsteini **59**, **66**, 66
Myotis blythi 63
Myotis cappaccini 66
Myotis daubentoni **64**, 64
Myotis emarginatus **64**, 64
Myotis myotis **62**, **63**, 63
Myotis mystacinus **65**, 65

N

Nachwuchs 38
Nagetiergebiß 18
Nagezähne 18
Nahrungsbeschaffung 24
Nase 17
Nasentiere 17, 34
Neomys anomalus 56
Neomys fodiens 56, 56
Nerz, Europäischer **108**, 108
Nester 30
Nestflüchter 20
Nesthocker 20
Nordamerikanischer Biber 87
Nutria **87**, 87
Nyctalus lasiopterus 69
Nyctalus leisleri 68, **69**
Nyctalus noctula **68**, 68, **69**
Nyctereutes procyonoides **115**, 115

O

Ohren 18
Ohrmuschel 18
Ondatra zibethicus **95**, 95
Oryctolagus cuniculus **77**, 77
Ostigel 51
Ovibos moschatus **141**, 141
Ovis orientalis (ammon) musimon **140**, 140

P

Paarhufer 15, 126
Pardelluchs 121
Perlziesel 83
Pferde 143
Pflanzenfresser 18
Pipistrellus pipistrellus **67**, 67
Plecotus auritus **70**, 70
Plecotus austriacus 70
Polarfuchs **2/3**, **117**, 117
Polarrötelmaus 93
Procyon lotor **114**, 114
Przewalskipferd **143**, 143
Pteromys volans **82**, 82

R

Rangifer tarandus **135**, 135
Rattus norvegicus **100**, 100
Rattus rattus **100**, 100
Ratz 108
Raubtiere 103
Raubtiergebiß 18
Reh **132**, 132, 133
Rehbock **133**
Rehkitz **21**
Reißzähne 19
Ren **135**, 135
Rentier **135**, 135
Reviere 34
Revierkämpfe 36
Rhinolophus ferrumequinum **60**, 60, **61**
Rhinolophus hipposideros **61**, 61
Riechen 17
Riechschläuche 17
Riesenabendsegler 69
Rötelmaus **4**, **92**, **93**, 93
Rotfuchs **25**, **34**, **38**, **116**, 116
Rotfuchs, Junge **24**
Rothirsch, Kalb **41**
Rothirsch 35, **36**, 37, **40**, **128**, **129**, 129
Rotzahnspitzmäuse 52
Rupicapra rupicapra 136, **137**

S

Säugen 10
Säugermerkmale 10
Saugreflex 10
Schalltrichter 18
Schermaus **94**, 94
Schläfer 88
Schleichkatzen 123
Schneehase **26**, 27, **76**, 76
Schnurrhaare 13
Schutz 146
Schwanzhaare 13
Schweine 126
Schweißdrüsen 10
Sciurus carolinensis **82**, 82
Sciurus vulgaris **80**, 80, **81**
Sehen 16
Selektion 24
Sexualhormone 41
Siebenschläfer **88**, 88, **89**, **148**, 149, **151**
Sikahirsch **131**, 131
Silhouetten 47
Siscita betulina **101**, 101
Sohlengänger 14
Sommerfell 13, 26
Sorex alpinus 53
Sorex araneus **53**, 53
Sorex minutus **52**, 52
Spitzmäuse 52
Stacheln 13
Steckbriefe 47
Steigbügel 12
Steinbock **138**, 138, **147**
Steinbock, Iberischer **139**,

GU Naturführer
Der Natur auf der Spur.

34,-DM/265,- öS/34,20 sfr.

34,-DM/265,- öS/34,20 sfr.

34,-DM/265,- öS/34,20 sfr.

34,-DM/265,- öS/34,20 sfr.

34,-DM/265,- öS/34,20 sfr.

Bestimmen, kennenlernen, schützen. Das ist das Konzept der neuen **GU Naturführer.** Erstklassige Farbfotos machen die GU Reihe auch für den versierten Kenner und Sammler attraktiv. Kompetente Autoren schreiben über ihr Fachgebiet. Jeder Band mit 160 bis 240 Seiten, mit 200 bis 400 Farbfotos und vielen Zeichnungen.

34,80 DM/272,- öS/35,- sfr.

34,-DM/265,- öS/34,20 sfr.

34,-DM/265,- öS/34,20 sfr.

39,80 DM/311,- öS/39,80 sfr.

Stand: 1.1.1993. Änderungen und Irrtum vorbehalten.

Mehr draus machen.
Mit GU.

GU GRÄFE UND UNZER

139
Steinmarder **105**, 105
Steppeniltis **108**, 108
Steppenmurmeltier 85
Steppenwildpferd 143
Stichelhaare 12
Sumpfbiber **87**, 87
Sumpfspitzmaus 56
Suncus etruscus **55**, 55
Sus scrofa **125**, **126**, **127**

T
Talgdrüsen 13, 14
Talpa caeca 57
Talpa europaea **57**, 57
Tarnung 26
Tasthaare 12
Thalarctos maritimus **113**, 113
Tierschutz 150
Traglinge 21
Tragzeit, verhaltene 41
Turnierkämpfe 37

U
Überleben 24
Unpaarhufer 16, 143
Unterkiefer 12
Ursus arctos **112**, 112
Urwildpferd **143**, 143
Ussurischer Waschbär 115

V
Verdauungsorgane 18
verhaltene Tragzeit 41
Vespertilio murinus **71**, 71
Vielfraß 108, **109**
Vorratshaltung 25
Vulpes vulpes **116**, 116

W
Waldmaus **17**, 79, **98**, 98, **148**
Waldspitzmaus **53**, 53
Waldtarpan 143
Waldwühlmaus 92, **93**, 93
Wanderigel 51
Wanderratte **100**, 100
warmblütig 10
Waschbär **114**, 114
Waschbär, Ussurischer 115
Wasserfledermaus **64**, 64
Wasserspitzmaus **56**, 56
Weißbrustigel 51
Weißzahnspitzmäuse 52
Westigel 51
Wiederkäuer 20
Wiederkäuergebiß 18
Wiesel **106**, 106
Wildkaninchen **36**, **77**, 77
Wildkaninchen, Junge **20**
Wildkatze **19**, 34, **122**, 122
Wildschwein **124/125**, **126**, 126, **127**
Wimperfledermaus **64**, 64
Winterfell 13, 26, 27
Winterruhe 29
Winterschlaf 29
Wisent **142**, 142
Wolf **37**, **103**, **118**, 118
Wolf, Junges **43**
Wollhaare 12
Wühlmäuse 92

Z
Zähne 12, 18
Zehen 14
Zehengänger 14
Zehenspitzengänger 15
Ziesel **83**, 83
Zweifarbfledermaus **71**, 71
Zwergfledermaus 38, **67**, 67
Zwergmaus 30, **96**, 96, **97**
Zwergmausnest 31
Zwergspitzmaus **52**, 52

Die Autorin:
Dr. rer.nat. Helga Hofmann, München, Diplombiologin für Zoologie und Botanik, ist freie Mitarbeiterin am Zoologischen Institut der Universität München mit den Schwerpunktthemen Säugetiere und Verhaltensforschung. Sie ist Autorin des GU-Naturführers »Säugetiere« und des Buches GU Tier-Erlebnisse »Der Igel« sowie weiterer Tierbücher.

Die Fotografen:
Angermayer: vordere Klappe (Elch), Seite 130 li. u., 139 re. u.; Angermayer/Elfner: Seite 140 li. o., U4 o. li.; Angermayer/Lange: Seite 140 re.; Angermayer/Reinhard: vordere Klappe (Waldmaus), Seite 148 u.; Arndt: Seite 115, 134 li. u.; Baumgart: hintere Klappe (Igel); Bender: Seite 85 re. u., 123 re., 131 re. o., 139 li.; Bink: Seite 143; Brandl: Seite 83 re. u., 91, 93 li.; Cramm: Seite 55 o. li., 83 li., 108 li. u.; Danegger: vordere Klappe (Hermelin, Igel, Rotfuchs), Seite 19, 21, 25, 35, 39, 41, 74, 85 re. o., 116 re. u., 122, 124/125, 127, 130 li. o., 136, 137, 149 u., hintere Klappe (Rehkitz, Wildschwein); de Meester: Seite 11, 133 li.; Diedrich: Seite 99 re.; Haumann: Seite 147; Heller: vordere Klappe (Wimperfledermaus), Seite 66 re.; Hofmann: Seite 139 re. o.; Jacobi: Seite 83 re. o.; Kerber: hintere Klappe (Murmeltier); König: Seite 42, 142; Labhardt: hintere Klappe (Iltisse); Lange: Seite 86 re. u., 149 m.; Lange/Angermayer: hintere Klappe (Gemsen); Lange/Reinhard: Seite 81 re., 87 re., 107, 110, 130 re., 131 li., 141, 144/145; Layer: Seite 57, 86 re. o., 92, 97 re. u., 126, 129 re., 151; Lenz: Seite 17, 95 re.; Limbrunner: vordere Klappe (Maulwurf, Mittelmeerhufeisennase), Seite 14, 15, 51, 54, 60, 61 li., re., 62, 68 li. o., li. u., re., 69 li., re. o., re. u., 70 re., 71 li., re., 76 li., 90 li. u., 94 li., 97 li., 106 li. u., 116 re. o., 148 o., 149 o.; Meier: Seite 48/49, 120; Meyers: Seite 36, 81 li. u., 114 li., re.; Nill: Seite 50, 64 re.; Ochotta: Seite 55 u., 101; Pforr: Seite 53, 75, 89 re., 94 re. o., 98, 118; Quedens: Seite 94 re. u.; Reinhard: vordere Klappe (Feldhase, Mufflon), Seite 8/9, 11, 13, 27, 80, 86 li., 90 li. o., re., 96, 105, 108 re., 116 li., 121 li., 128, 131 re. u., 132, 140 li. u., hintere Klappe (Rotfuchs); Reinhard/Angermayer: Seite 55 o. re.; SAVE/Arndt: Seite 31 li; SAVE/Brehm: Seite 133 re. u.; SAVE/Maywald: Seite 63 re.; SAVE/Nill: Seite 66 li.; SAVE/Reider: Seite 63 li.u.; SAVE/Schubert: Seite 63 li.o.; SAVE/Sevcik: Seite 52; SAVE/Thielscher: Seite 44/45; SAVE/Weber: Seite 134 re.; SAVE/Wothe: Seite 28 o., 158/159; Schilling: Seite 72/73; Silvestris: Seite 67, 100 li., 106 li. o., 106 re.; Silvestris/Arndt: Seite 95 li.; Silvestris/Brossette: Seite 22/23; Silvestris/Danegger: Seite 6, 81 li. o., 85 li., 104, 108 li. o., 133 re. o., U4 o.re.; Silvestris/Höfels: vordere Klappe (Waldspitzmaus); Silvestris/Hosking: Seite 117 li.; Silvestris/Lane: Seite 76 re., 82 re., 87 li., 112, hintere Klappe (Dachse); Silvestris/Layer: Seite 88; Silvestris/Lenz: Seite 99 li.; Silvestris/Maier: Seite 64 li., 84, 129 li., 135; Silvestris/Marquez: Seite 123 li.; Silvestris/Maywald: Seite 70 li.; Silvestris/Dalton: Seite U1, vordere Klappe (Wildkaninchen), 20, 28 u., 56, 78/79, 82 li. o., 100 re.; Silvestris/Nill: Seite 4/5, 58/59, 65; Silvestris/Pforr: Seite 31 re.; Silvestris/Rohdich: Seite 97 re. o.; Silvestris/Roland: hintere Klappe (Wildkaninchen); Silvestris/Rosing: Seite 2/3, 117 re.; Silvestris/Schweinsberg: Seite 16; Silvestris/Thielscher: vordere Klappe (Eichhörnchen); Silvestris/Wendler: hintere Klappe (Luchs); Silvestris/Wothe: hintere Klappe (Ziesel); Weber: Seite 24, 77; Wisniewski: Seite 32, 33, 119, 121 re., 134 li. o.; Wothe: Seite 43, 82 li. u., 93 re., 102/103, 109, 113, 138, hintere Klappe (junger Bär), U4 u.;

Die Deutsche Bibliothek-CIP-Einheitsaufnahme **GU-Naturführer Tiere in Natur und Garten**: Bestimmen, Kennenlernen, Schützen; große und kleine Säugetiere Europas;
Bestimmen mit GU-Kennfarben-Code; Ratgeber: Tierschutz-Praxis / Helga Hofmann. –
1.Aufl. – München: Gräfe und Unzer, 1993
ISBN 3-7742-1857-9
NE: Hofmann, Helga: Tiere in Natur und Garten

1.Auflage 1993

Redaktionsleitung:
Hans Scherz
Stellvertretende Redaktionsleitung:
Renate Weinberger
Redaktion: Sonnhild Bischoff
Herstellung:
Johannes Schmidt-Thomé
Layout: Heide Blut
Umschlaggestaltung:
Heinz Kraxenberger
Zeichnungen:
György Jankovics
Satz: deskTOPcreativ gmbh
Repro: Gartner
Druck und Bindung:
Kaufmann
ISBN 3-7742-1857-9

Foto Seite 158/159: Luchs auf winterlicher Pirsch. ▶

Dachse (➔ Seite 110)

Junge Tiere sprechen in ganz besonderer Weise unser Herz an, die einen durch rührende Hilflosigkeit, die anderen durch drollige Tollpatschigkeit oder entzückende Neugierde und Vertrauensseligkeit.

Igel (➔ Seite 50/51)

Die Jungen vieler Säugetierarten werden blind und taub geboren und sind in ihren ersten Lebenstagen vollständig auf die Fürsorge ihrer Mutter angewiesen. Diese bereitet ihnen ein weiches, geschütztes Lager und hält die sehr wärmebedürftigen Kleinen mit ihrem Körper warm. Zu solchen „Nesthockern" gehören zum Beispiel kleine Dachse (Bild oben links) und Igel (Bild links).

Wildschwein (➔ Seite 126/127)